U0157519

绿色住宅供需研究

张 琳 陈立文 著

中国建筑工业出版社

图书在版编目（CIP）数据

绿色住宅供需研究 / 张琳，陈立文著 . —— 北京：
中国建筑工业出版社，2020.1
ISBN 978-7-112-24812-4

Ⅰ.①绿…　Ⅱ.①张…　②陈…　Ⅲ.①绿色住宅-研
究　Ⅳ.①TU241.91

中国版本图书馆 CIP 数据核字（2020）第 017966 号

责任编辑：周方圆
责任校对：姜小莲

绿色住宅供需研究

张　琳　陈立文　著

*

中国建筑工业出版社　出版、发行（北京海淀三里河路9号）
各地新华书店、建筑书店经销
北京光大印艺文化发展有限公司制版
北京建筑工业印刷厂印刷

*

开本：787×1092毫米　1/16　印张：9¼　字数：174千字
2020年4月第一版　　2020年4月第一次印刷
定价：**36.00**元
ISBN 978-7-112-24812-4
（34948）

前　言

　　规模化推广绿色住宅是提高我国居住环境质量、降低建筑能源消耗和解决能源危机问题的重要途径。引导绿色住宅开发商和消费者参与绿色住宅的供给与消费是推动绿色住宅规模化推广的关键。我国各级政府自 2005 年出台了一系列政策性指导文件引导绿色住宅市场供需行为，虽已初见成效，但仍低于政府预期，潜在的原因亟须进一步深入挖掘。目前，学术界对于绿色住宅规模化推广的研究主要集中于消费者或开发商单一主体层面，缺乏从供需双方系统全面地解构研究问题。

　　基于现实问题的需求与理论研究的不足，本专著以绿色住宅规模化推广为研究目标，将绿色住宅开发商和消费者作为研究对象，遵循"识别影响因素—揭示影响机理—仿真演化路径—提出政策建议"的研究思路，应用文献研究法、实证研究法、专家访谈法、演化博弈法、系统动力学方法，系统地分析绿色住宅供需意愿影响机理及演化路径，解释绿色住宅难以规模化推广的原因，提出相关政策建议。创新性研究成果如下：

　　1）识别出绿色住宅供需意愿关键影响因素。采用文献研究法收集 21 个影响因素，专家打分法和 DEMATEL 法确定 10 个关键影响因素：市场需求、建设工期、政策法规、企业形象、增量成本、政府激励、投资回报、支付能力、主观知识和感知价值。

　　2）厘清了绿色住宅供需意愿影响机理。从 10 个关键影响因素中，选取开发商和消费者层面影响因素，引入"企业形象"构要拓展计划行为理论构建了绿色住宅开发意愿理论模型，引入"参照群体影响"构要构建感知价值理论绿色住宅购买意愿理论模型。实证结果表明：市场需求对开发意愿影响最大，感知价值对购买意愿影响最大。

　　3）揭示了绿色住宅供需行为演化路径。基于利益相关者理论，在政府干预行为下，构建了政府、开发商和消费者三方演化博弈模型，分析博弈焦点并确定均衡点；利用系统动力学方法构建了动态仿真模型，分析外生变量调整变化时三方主体行为演化路径。仿真结果表明：政府经济激励强度、惩罚力度、开发商获得经济效益和企业形象是开发绿色住宅主要驱动因素，而感知价值是消费者购买绿色住宅的驱动因素。

4）提出了绿色住宅规模化推广政策建议。比较分析供需意愿影响机理研究、实证研究和仿真研究结果，提出了鼓励绿色住宅租赁业务、推行政府激励政策、探索绿色住宅积分制度和加大房地产市场调控力度的政策建议，形成规模化推广长效机制。

本书是在张琳博士学位论文"绿色住宅供需意愿影响机理及行为演化路径研究"和国家社会科学基金"符合中国国情的住房保障和供应体系研究"部分研究成果的基础上修改和补充后完成的。全书共分8章：第1章绪论、第2章理论基础与文献综述、第3章绿色住宅供需意愿影响因素识别研究、第4章绿色住宅开发意愿影响机理研究、第5章绿色住宅购买意愿影响机理研究、第6章绿色住宅供需行为演化路径研究、第7章结果对比与政策建议、第8章结论。由于理论水平有限，书中难免会存在一些不足之处，许多相关问题还有待进一步的深入研究和探索，许多工作还有待进一步细化和提高，恳请各位专家、读者给予批评指正！

张琳 陈立文
2020年2月

Contents 目 录

第 1 章

绪 论

1.1 研究背景

改革开放 40 年见证了我国快速的城镇化建设进程，然而城市扩张和大规模基础设施建设造成的环境污染、能源短缺和资源枯竭等问题日益凸显。进入新时代，生态文明建设引起了中央政府的高度关注，并将其定位为"实现'两个一百年'奋斗目标和建设美丽中国的必然要求"。2015 年 3 月 24 日中央政治局会议审议通过了《关于加快推进生态文明建设的意见》，首次提出了"绿色化"，且与"新型工业化、城镇化、信息化、农业现代化"并称为"五化"。生态文明建设将成为建筑业发展转型的一个重要方向。

在我国城镇化、工业化和基础设施建设的进程中，建筑业进入了发展的鼎盛时期。但建筑业高能耗、高污染和高排放的产业性质对生态文明建设带来了巨大的压力。据统计，建筑业整个产业链总能耗占全国总能耗的 40%，并呈现出持续上涨的趋势。建筑业节能减排和可持续发展的问题已成为各国政府和学者们高度关注的热点问题之一。目前，我国每年新增建筑面积高达 20 亿 m^2，成为世界上最大的建筑市场。根据世界银行测算结果，我国每年新增建筑面积约占世界总量的50%，也成为世界上最大的温室气体排放国。根据《中国低碳经济发展报告 2013》的数据，我国需要 20 年以上的时间才能有效地解决环境污染问题。政府积极推行绿色建筑，有利于减少建筑物生命周期内环境污染，降低温室气体排放量，为人类提供宜居的生活工作环境。因为绿色建筑在全寿命周期内，可最大限度地节约资源、减少污染，并提供与自然和谐相处的居住环境。为了实现生态文明建设目标，政府必须大力推广绿色建筑。

2014 年 3 月，中共中央、国务院印发《国家新型城镇化规划（2014—2020 年）》明确提出"绿色生产、绿色消费成为城市经济生活的主流，节能节水产品、再生利用产品和绿色建筑比例大幅提高"的发展目标。以生态文明和绿色发展为目标的绿色建筑快速进入发展"机遇期"，并成为新型城镇化战略实施的重要抓手。我国绿色建筑已发展了近 30 年，适应了以"整合经济效益和环境效益"为出发点的循环经济绿色发展模式，具有巨大的技术和市场需求。推广绿色建筑可实现良好的经济效益、环境效益和社会效益，而规模化推广绿色建筑有利于改善居民生活环境，实现十九大报告中提出的"满足人民群众对良好生态环境的期待，形成人与自然和谐发展现代化建设新格局"的发展目标。

作为人类生活、休闲重要场所的住宅类绿色建筑，即绿色住宅，是绿色建筑的重要组成部分。目前，绿色住宅建设存在推广动能不足、消费者需求乏力、政府干预措施不当等问题。绿色住宅初始成本高、回报周期长、外部经济性强等特征，极大地影响了绿色住宅供给侧开发商的开发意愿和需求侧消费者的购买意愿，导致绿色住宅推广进程较为缓慢。

由于官方数据获取渠道的限制，笔者通过在绿色建筑评价标识网（http://www.cngb.org.cn/）和绿色建筑地图（http://www.gbmap.org/）网站搜集相关资料和数据，对 2008～2015 年我国绿色住宅的发展情况进行了统计分析。在 2008～2015 年间，国内新建建筑中仅有 4071 个项目获得设计或运营阶段绿色建筑评价标识认证，总建筑面积为 4.71 亿 m²，与每年 20 亿 m² 新建建筑面积相比，绿色建筑市场份额明显较低，远低于一些发达国家的发展水平。

为了更直观地了解绿色住宅发展的总体趋势，本书从绿色住宅的建筑面积和项目数量分别进行了统计分析，详见图 1.1～图 1.4。

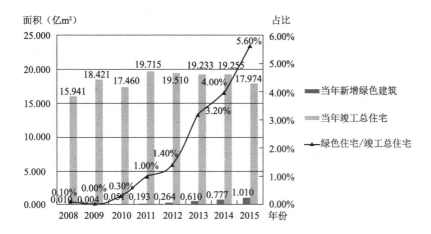

图 1.1　2008～2015 年绿色住宅发展趋势图（按面积统计）

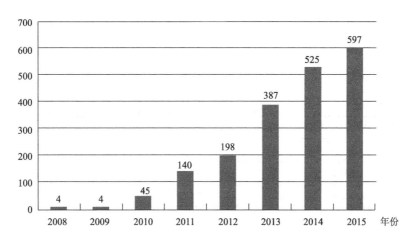

图 1.2　2008～2015 年绿色建筑发展趋势图（按项目统计）

结合图 1.1 和图 1.2 可知, 2008 ～ 2015 年我国绿色住宅在建设面积和项目数量上均呈上升趋势, 2012 年以后其增长态势更为迅速。但是, 从图 1.1 可知, 绿色住宅年度建筑面积与竣工住宅年度总面积相比还有较大差距, 以占比最高的 2015 年为例, 绿色住宅年度建筑面积与竣工住宅年度总面积之比仅为 5.6%。与《国家新型城镇化规划(2014—2020 年)》设定的目标, 即全国城镇绿色建筑面积占新建建筑总面积比例为 50%, 具有巨大的缺口。这也说明我国绿色住宅的发展速度和规模与住宅市场的快速发展极不匹配, 亟须提升绿色住宅的发展速度并扩大市场规模。

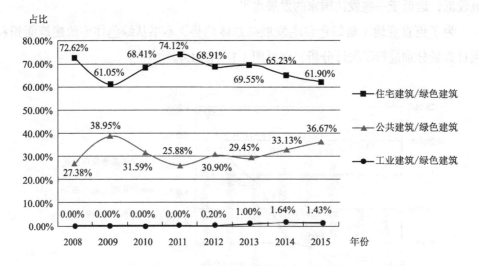

图 1.3 2008 ～ 2015 年绿色住宅类型比例图(按面积统计)

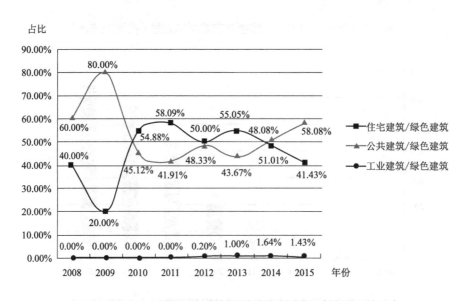

图 1.4 2008 ～ 2015 年绿色住宅类型比例图(按项目统计)

结合图 1.3 和图 1.4 可知，自 2008 年以来我国绿色住宅在绿色建筑中占有相当大的比重，到 2011 年按面积统计占比达 74.12%，但之后绿色住宅占绿色建筑的比重呈现出持续下降的趋势。与此相反，公共建筑和工业建筑在绿色建筑中的比重持续上升，说明目前绿色住宅的发展速度落后于绿色公共建筑和绿色工业建筑，亟须探究出现这种现象的深层原因。

我国《绿色建筑评价标准》GB/T 50378 从两个方面对绿色建筑进行标识评定，分别为阶段标识和星级标识。其中，阶段标识包括设计标识和运行标识两个阶段；星级标识分为一星级、二星级和三星级共三个等级。2008 ~ 2015 年我国绿色住宅星级标识和阶段标识情况，详见表 1.1。

2008 ~ 2015 年我国绿色住宅标识情况 　　　　　　　　　　　　　　　　　表 1.1

阶段	星级	2008	2009	2010	2011	2012	2013	2014	2015	合计
设计标识	★	3	1	10	47	74	143	234	300	812
	★★	0	2	23	46	89	187	202	229	778
	★★★	1	1	10	41	31	33	72	46	235
	合计	4	4	43	134	194	363	508	575	2025
运行标识	★	0	0	0	1	0	2	2	4	9
	★★	0	0	2	3	4	20	13	15	57
	★★★	0	0	0	2	0	2	2	3	9
	合计	0	0	2	6	4	24	17	22	75

由表 1.1 可知，总体上我国绿色住宅标识项目数量保持上升的趋势，2008 ~ 2015 年间从仅有 8 个项目到累计 1900 个项目。但是标识分布却存在较大的差异，从标识阶段来看，如图 1.5 所示，设计标识的比重高达 96%，而运行标识仅有 4%；从星级标识来看，如图 1.6 所示，一星级、二星级标识比重分别为 43%和 44%，而三星级标识比重只有 13%。可见，我国绿色住宅发展水平并不完善，实际运行效果显著的绿色住宅相对较少。另外，从图 1.7 各省份绿色建筑标识总数排名，发现江苏省、广东省和山东省位居前三位，说明绿色建筑的推广数量与当地的经济发展水平密切相关。

尽管自 2005 年以来，中央政府尤为重视绿色建筑的推广应用，颁布了一系列的绿色建筑指导性政策文件，但其多集中于节能环保和绿色建筑产业发展的宏观性政策方面，如表 1.2 所示。指导性政策文件中详细地设定了绿色建筑的发展目标，但缺乏相应的实施细则和操作性文件，成熟的市场机制尚未形成。2013 年 1 月国

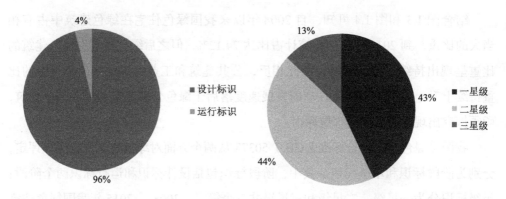

图 1.5　2008～2015 年绿色住宅阶段标
识分布图

图 1.6　2008～2015 年绿色住宅星级标
识分布图

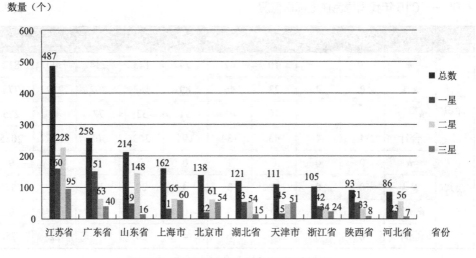

图 1.7 各省份绿色建筑标识总数排名

务院办公厅颁布了《绿色建筑行动方案》，规定"十二五"末 20% 的城镇新建建筑
达到绿色建筑评价标准，至 2016 年 12 月国务院颁布了《"十三五"节能减排综
合工作方案》，提出城镇绿色建筑面积占新建建筑面积比重应达到 50%，足见政府
对实现绿色建筑规模化的迫切需求，但当前绿色建筑实际占比仅为 5%，远低于政
府预期。此外，指导性政策文件中，针对开发商和消费者的激励政策较少，仅在
2012 年颁布的《加快推动我国绿色建筑发展的实施意见》中提及了经济激励金额，
二、三星级认证绿色建筑可分别获得 45 元 /m² 、80 元 /m² 的经济补贴；但补贴金额
与住房城乡建设部"绿色建筑后评估调研"成果得出的绿色建筑平均增量成本（一、
二和三星级增量成本分别为 33 元 /m² 、73 元 /m² 和 222 元 /m² ）具有一定的差距，
政府经济激励力度明显不足。

绿色建筑指导性政策文件 表 1.2

时间（年）	文件名称	内容
2005	《国家中长期科学和技术发展规划纲要（2006—2010年）》	"建筑节能与绿色建筑"优先主题
2007	《节能减排综合性工作方案》	建设低能耗、绿色建筑示范项目30个
2011	《"十二五"节能减排综合性工作方案》	从规划、法规、技术等方面推进建筑节能
2012	《"十二五"国家战略性新兴产业发展规划》	提高新建建筑节能标准，大力发展绿色建筑，推广绿色建材
2012	《加快推动我国绿色建筑发展的实施意见》	2012年二、三星级绿色建筑奖励标准为45元/m²，80元/m²
2012	《"十二五"建筑节能专项规划》	实施建筑节能与绿色建筑的经济激励
2013	《绿色建筑行动方案》	"十二五"末城镇新建建筑的20%实现绿色建筑标准
2015	《关于积极发挥新消费者引领作用加快培育形成新供给新动力的指导意见》	鼓励发展绿色建筑、绿色能源
2016	《"十三五"节能减排综合工作方案》	2020年城镇绿色建筑面积占新建建筑面积比重至50%
2016	《"十三五"全民节能行动计划》	指导开发单位重视运营管理，加强培育消费市场

地方政府也结合当地情况，依据国家和住房城乡建设部等相关部门政策，制定了绿色建筑地方性政策文件，详见表1.3。

部分地方政策文件 表 1.3

省份	文件及举措
陕西	（1）《陕西省绿色建筑行动实施方案》《陕西省建筑节能与绿色建筑"十三五"规划》；（2）二、三星级绿色建筑国家奖励资金和省财政配套奖励：一星10元/m²，二星15元/m²，三星20元/m²；商业住宅项目奖励资金30%给开发商，70%给购房者
北京	（1）《北京市发展绿色建筑推动绿色生态示范区建设奖励资金管理暂行办法》；（2）二、三星级项目，投标人承诺建设二星级及以上，土地入市交易评标中给予适当加分；二、三星级运行标识项目奖励22.5元/m²和40元/m²。标识认证奖励标准，一、二星级设计标识8000元/项目，一、二星运行标识10000元/项目
上海	（1）《上海市绿色建筑发展三年行动计划（2014—2016）》；（2）《上海市建筑节能和绿色建筑示范项目专项扶持办法》加大二星级及以上居住项目评分分值，优先获奖、推荐申报国家级奖项。符合绿色建筑示范项目，二、三星级运行标识奖励标准分别为50元/m²、100元/m²

省份	文件及举措
江西	（1）《江西省发展绿色建筑实施意见》《江西省民用建筑节能和推进绿色建筑发展办法》； （2）"鲁班奖""华夏奖""全国绿色建筑创新奖"等评优活动及示范工程评选中，绿色建筑优先入选或推荐上报。外墙保温层建筑面积不计入建筑容积率，使用住房公积金贷款购买二星级以上绿色建筑的，贷款额度可以上浮20%
四川	《四川省绿色建筑行动实施方案》；暂无经济激励

从表1.3可见，地方性政策差别较大，如陕西省和上海市等制定了明确的经济激励措施，而四川省在《四川省绿色建筑行动实施方案》未涉及任何经济激励。此外，政策激励主体过于单一，大部分激励政策集中于开发商，针对消费者的经济政策较少。

综上，综合比较绿色建筑推广现状与政策文件设定的发展目标，发现我国绿色住宅推广进程尤为缓慢，与政策预期目标存在较大的差距。开发商和消费者作为绿色住宅关键利益相关者，政府引导其绿色住宅开发与消费行为，实现绿色住宅的规模化推广是一个亟须解决的现实问题。因此，本书以绿色住宅规模化推广为研究目标，研究绿色住宅供需意愿影响机理及演化路径，有助于揭示绿色住宅难以规模化推广的深层原因，为政府制定有效的引导政策提供参考和借鉴；促进供给侧改革和需求侧推动，发挥绿色住宅市场有效配置资源的作用，形成创新、协调、绿色、开放、共享的发展模式，实现良好的经济、环境和社会效益；推进绿色住宅持续健康发展，对我国可持续的城镇化战略实施和生态文明建设具有较强的理论价值和现实意义。

1.2 概念界定

1.2.1 绿色建筑

早在20世纪60年代，美籍意大利建筑师保罗·索勒瑞（Paolo Soleri）率先提出绿色建筑的理念，其雏形最初源自"生态建筑（Arology）"。生态建筑是指能够尽可能利用当地环境特色与自然因素的有利于人类身心健康的建筑。1969年美国风景园林师麦克哈格首次提出了人、建筑、自然和社会协调发展的生态建筑理念，并深入探索了建造生态建筑的有效途径和技术方法，这也成为生态建筑学正式成立的标志。随着20世纪80年代能源和环境危机日益严峻，各国先后提出了节能建筑理论和可持续发展理念，绿色建筑的理念应运而生。

尽管各个国家对于绿色建筑的理念基本相通，但由于不同的自然环境、地理条件、居住习惯等因素使得各国对绿色建筑的概念界定和评价标准略有不同。在美国 LEED-NC（Leadership in Energy & Environmental Design for New Construction & Major Renovations, 2015）、英国 BREEAM（Building Research Establishment Environmental Assessment Method, 2008）、新加坡 GM（Green Mark, 2005）、韩国 GBCC（Green Building Certification Criteria, 2011）和中国 ESGB（Evaluation Standard for Green Building, 2014）的绿色建筑评价标准中，把绿色建筑等同于可持续建筑或低碳建筑。我国《绿色建筑评价标准》GB/T 50378 中将绿色建筑定义为："在建筑的全寿命周期内，最大限度地节约资源、保护环境和减少污染，为人们提供健康、适用和高效的使用空间，与自然和谐共生的建筑"。

1.2.2 绿色住宅

绿色住宅在国际上并没有一个相对独立且权威的定义，通常情况下认为绿色住宅是绿色建筑内涵在住宅中的体现和应用，是绿色建筑中作为"居住"用途的建筑类型。因此，绿色住宅具有绿色建筑相同的内涵和特性。

绿色住宅的评价标准是绿色建筑评价标准体系的其中一个分支。英国 BREEAM 中用于评估住宅的生态家园评价标准 E-COHOMES 和美国能源与建筑环境评估体系 LEED 中用于评价住宅的 LEED-H（LEED for Home）评价标准均对绿色住宅的定义以及技术要求做出了比较权威的解析。英国的生态家园评估标准 E-COHOMES 是全球首个绿色住宅评价系统，具体从能源与二氧化碳（CO_2）排放、水、材料、地表径流、废弃物、污染、健康与舒适性、管理和生态等方面评价绿色住宅。美国的 LEED-H 评价标准标志着美国建筑的建造从传统模式向可持续发展模式的过渡，主要从可持续选址与交通、用水效率、能源与环境、材料与资源、室内环境质量、创新和地域优先等方面评价住宅的"绿色"程度。

1. 绿色住宅的内涵

本书借鉴高倍引用文献的观点，认为绿色住宅是指全寿命周期内，具有良好经济效益的环境友好型、资源节约型、可改善居民健康状况和提高居住舒适度的住房。绿色住宅的内涵主要体现在以下 5 个方面：

1）最少的资源消耗

绿色住宅要求最少的资源（包括能源、水、材料和土地）消耗，通过运用绿色新技术和新方法，如选择节能环保性材料和废弃物回收再利用等举措，在住宅的全生命周期内提高土地、水、木材、燃料等自然资源的利用效率，达到资源耗用最少的目的。

2）最小的环境影响

绿色住宅要求最小的环境影响，通过采用可降解材料、垃圾分类处理、污水分类处理、室内外环境循环设计等措施，在住宅的全生命周期内减少温室气体、固液体废弃物等的排放量，达到环境友好的目的。

3）绿色住宅注重"以人为本"

绿色住宅强调为住户提供安全健康和舒适宜居的生活空间。绿色住宅是在充分考虑使用者需求的基础上，通过科学的规划设计和高效的资源能源利用，提高使用者的居住舒适度。

4）良好的经济效益

绿色住宅具备良好的经济效益。绿色住宅综合考虑全生命周期内可持续发展的需求，推动了绿色住宅上下游相关产业的发展，促进国民经济可持续健康发展；另外，虽然绿色住宅在建造开发初期耗费较多的建设成本，但在运营期内绿色节能的特性可显著降低运营成本。因此，在全生命周期内，绿色住宅经济效益优于普通住宅。

5）突出的社会和环境效益

绿色住宅注重全生命周期内对资源的高效利用，要求适度运用自然与社会资源，倡导合理选用可再生能源和可循环材料，减少资源的浪费，创造出良好的社会效益。另外，绿色住宅通过充分利用建筑周围的自然环境，有效减少环境污染和自然资源破坏。因而，在全生命周期内，绿色住宅创造出突出的社会和环境效益。

2. 绿色住宅的特性

1）增量成本

增量成本的概念最早来自于经济学中边际成本的概念，是指在现有技术和生产水平条件下，企业为增加特定产出量而支付的成本增加额。依据此概念，绿色住宅的增量成本是指开发商选择开发绿色住宅而比开发普通住宅所多支付的成本。假定普通住宅是与绿色住宅规模、功能相同并满足国家及项目建设所在地强制节能标准的住宅。依据住宅项目的不同建设阶段划分，增量成本包括前期准备阶段的增量成本、实施建造阶段的增量成本和运营使用阶段的增量成本三部分。

前期准备阶段的增量成本是指建设项目在施工建设前的决策、设计及认证阶段产生的增量成本，主要包括两部分：一是按规定收取的绿色住宅申报材料费用（0.1万元/项）、认证费用（设计认证5万元/项，运营认证15万元/项）；二是与普通住宅方案相比，所增加的绿色住宅咨询设计费和能耗模拟分析费。实施建造阶段的增量成本是指建设项目的施工建造阶段为达到绿色住宅建筑标准，采用相应的绿色技术措施而支付的增量成本。

运营管理阶段的增量成本是指消费者在居住使用阶段为维护住宅使用条件和舒适健康的标准，采用绿色运营管理措施而支付的增量成本。其主要包括两个部分：一是使用过程中单次随机投入的增量成本，如设备大修与更换、分户分类计量设施与智能化系统的配备；二是使用过程中重复投入的增量成本，如垃圾分类处理、绿化管理以及节能设备设施的日常修理监测等方面。

2）增量效益

绿色住宅的增量效益包括直接经济效益、环境效益和社会效益三部分。环境效益和社会效益是指除投资者外，其他社会成员也可享受到的间接效益。

增量经济效益可分为建造阶段增量经济效益和运营阶段增量经济效益两个部分。建造阶段增量经济效益主要体现在绿色住宅土地高效利用所节省的土地购置成本，以及地方性材料利用和废旧材料再利用节省的材料成本。运营阶段增量经济效益包括绿色住宅照明、空调等电费成本的节约、高效利用水资源的水费节约以及因使用先进技术而节省的设备维修费三部分，绿色住宅增量经济效益主要体现在运营阶段。

增量环境效益主要体现在运营使用阶段所带来的 CO_2 排放量减少、人体健康状态提升和建材维护成本节约三个方面。应用节能技术的绿色住宅在很大程度上可减少 CO_2 的排放量。绿色住宅节能环保和提供舒适健康环境的优势，可有效减少环境污染、降低人类疾病发病率，进而改善人体健康状态。另外，绿色住宅采用的绿色建材可有效阻碍大气污染物所带来的表面侵蚀，因而可延长住宅使用寿命并节约维护成本。

增量社会效益主要体现在运营阶段污染治理费用的减少和居民工作效率的提升等方面。与普通住宅相比，绿色住宅可减少资源和能源消耗以及环境污染，有利于降低政府环境污染治理财政支出。此外，绿色住宅居住舒适性能显著地提高居民居住舒适度和心理满意感，有效提高工作效率。

3）准公共物品的属性

绿色住宅具有私有物品和公共物品的双重特征。一方面体现出绿色住宅私有物品的属性，绿色住宅可为消费者提供健康、舒适、高效、环保的室内外居住环境，所有者可独享其居住权、使用权和处置权；另一方面体现出公共物品的属性。绿色住宅在全寿命周期内可显著地节约资源消耗、保护自然环境和减少环境污染，有利于实现全社会的可持续发展。但是，由于绿色住宅的节能环保效益由社会公众共享，开发商开发绿色住宅和消费者购买绿色住宅，并不能完全排除社会上其他成员也从中获益，导致在绿色住宅市场上出现"搭便车"的现象。绿色住宅虽然具有部分公共产品的属性，但也不完全等同于公共资产，因为公共物品由政府承担建设职责，而绿色住宅是由开发商完成建设任务。开发商面对无利可图的市场形势，不愿主动开发绿色住宅，导致市场供应不足。绿色住宅市场供给方与需求方缺乏积极性和主动性，导致出现市场失灵的现象。因此，与私有物品相比，绿色住宅的供需意愿明显较低。

4）交易成本

科斯首次提出交易成本的概念。交易成本包括获得准确市场信息、谈判和经常性契约的费用。在绿色住宅市场上，市场交易环节和市场主体行为易产生交易成本。在市场交易环节，交易的复杂性与不确定性以交易成本的形式体现在信息成本的支出；而市场主体行为表现出"有限理性"和"机会主义倾向"的特性，通过制度及对制度的反应影响交易成本。

由于绿色住宅特殊的产权性质和消费者对绿色住宅的认知有限，使绿色住宅市场交易充满复杂性和不确定性，产生较高的交易成本。绿色住宅开发可能发生的交易成本，包括信息不对称、延期风险、合同风险、监督成本、市场营销等费用。绿色住宅消费中需要消费者在搜寻绿色住宅产品信息、研究绿色住宅评价标准、甄别产品信息等方面花费较多的时间精力；此外，还需接受较高的产品价格，承担绿色住宅预期效用与效益的不确定性以及克服原有消费偏好和习惯，这些问题大幅度增加了绿色住宅购买的交易成本。

1.2.3 绿色住宅评价体系

目前，绿色住宅评价体系包括《中国生态住宅技术评估手册》评价体系和《绿色建筑评价标准》评价体系。

1.《中国生态住宅技术评估手册》评价体系

2001年9月全国工商联住宅产业商会在"首届中国国际生态住宅新技术论坛"上公布了《中国生态住宅技术评估手册》，提出了绿色住宅评价体系。该评价体系主要涉及两个方面：一方面通过探讨绿色生态住宅的产生背景、发展趋势确定体系制定的必要性、紧迫性和指导思想；另一方面是在参考美国的《绿色建筑评估体系（第二版）》和我国的《商品住宅性能评定方法和指标体系》和《国家康居示范工程建设技术要点》等部分内容的基础上，提出了中国绿色生态住宅技术评估体系，该体系包括小区环境规划设计、能源与环境、室内环境质量、小区水环境、材料与资源五大指标，并在2003年作出了修订。

2.《绿色建筑评价标准》评价体系

2006 年 6 月住房城乡建设部正式出台《绿色建筑评价标准》GB/T 50378—2006，这是我国首部多目标、多层次的绿色建筑综合评价标准。2015 年 1 月 1 日推行《绿色建筑评价标准》GB/T 50378—2014，该标准由节地与室外环境、节能与能源利用、节水与水资源利用、节材与材料资源利用、室内环境质量、施工管理、运营管理 7 类指标组成。每类指标均包括控制项和评分项，评价指标体系还统一设置加分项，采用权重打分法评价绿色建筑。该标准包括 3 个评价等级，分别为一、二、三星级，并规定 3 个等级的绿色建筑均应满足所有控制项的要求，每类指标的评分项得分不应小于 40 分；当建设项目评价总得分达到 50 分、60 分和 80 分时，可分别获得绿色建筑一星级、二星级和三星级认证。本书将《绿色建筑评价标准》GB/T 50378—2019 作为绿色住宅的评价标准。

1.3　研究目的及意义

1.3.1　研究目的

住房是一种关系人民安居乐业以及国计民生的特殊商品。中国城市居民住房消费已经从"有房住"升级为"住好房"，不断追求更绿色健康的居住品质和环境。新时代，推广绿色住宅已成为转变经济发展方式的一种重要途径，作为房地产业供给侧改革的方向，也是房地产企业确定以产品和服务为转型升级的重要举措。开发商和消费者作为绿色住宅市场关键参与主体，其参与绿色住宅的意愿是绿色住宅规模化推广的关键。因此，本书从绿色住宅开发商和消费者层面探索绿色住宅规模化推广机制；揭示了绿色住宅推广动能不足、发展速度缓慢的深层原因，以便政府为开发商提供有利的市场环境和配套政策，实现房地产业的绿色发展转型；为消费者提供更完善的住房配套、更优质的公共服务和更绿色的居住环境。

厘清绿色住宅供需意愿影响因素，为政府掌握绿色住宅市场供需双方行为状态，为绿色发展转型提供最大的便捷。基于拓展计划行为理论构建绿色住宅开发意愿影响因素理论模型，基于感知价值理论构建绿色住宅购买意愿影响因素理论模型，并进行相应的实证分析。在政府干预策略下，建立开发商、消费者和政府三方的演化博弈模型，应用系统动力学仿真工具，模拟不同情境下绿色住宅供需行为演化路径。研究结果可为政府制定绿色住宅相关政策提供参考，对房地产业绿色转型和绿色住宅消费氛围的形成均具有重要的理论价值和现实意义。

1.3.2　研究意义

1．理论意义

1）识别绿色住宅供需意愿影响因素，丰富了绿色住宅市场理论

综观国内外关于绿色住宅推广障碍的研究文献，研究大多围绕微观的个体，或消费者或开发商，而鲜有同时考虑供需双方的研究，造成原有的绿色住宅规模化推广激励策略解释力不足的问题。在房地产发展转型的背景下，通过实证研究揭示供需意愿影响因素与绿色住宅规模化推广之间的联系，分析各个因素的影响机理和作用路径，为政府制定引导政策提供理论依据，并且丰富了绿色住宅市场理论。

2）构建绿色住宅利益相关者行为博弈模型，丰富了绿色住宅项目利益相关者理论

目前，针对绿色住宅利益相关者主体的博弈关系进行专项研究的成果十分有限，本书依据利益相关者理论，结合绿色住宅行业背景，积极探索政府、开发商和消费者三方主体的博弈关系，考虑更为全面，结论更符合现实。依据三方达成的博弈均衡条件，制定有效的政策引导绿色住宅供需方参与绿色住宅的供给和需求，实现建筑业的可持续发展。本书将演化博弈理论和系统动力学理论有效结合，研究方法更为科学，借助仿真软件的可视化功能，更为直观地反映动态博弈的整个过程以及供需双方的行为演化趋势，研究结论说服力较强。本书将利益相关者理论应用于绿色住宅市场主体行为研究，拓宽了其应用范围。

2．实践意义

1）识别绿色住宅供需意愿影响因素，为开发商开发绿色住宅提供参考

自1986年政府颁布《民用建筑节能设计标准（采暖居住建筑部分）》JGJ 26—1986标准以来，绿色建筑取得可喜的进步和发展，不断涌现出中新天津生态城和唐山曹妃甸国际生态城等示范项目。截至2015年12月底，全国范围共有4071项绿色住宅获得标识认证，总建筑面积为4.72亿 m^2，依然存在推广和普及力度不足的问题，且尚未形成完善成熟的绿色住宅供需市场。

本书在广泛地文献调研的基础上，系统地梳理了绿色住宅供需意愿影响因素，并借助专家打分法和DEMATEL方法筛选出10个关键影响因素，有助于开发商了解绿色住宅需求现状，为开发绿色住宅提供参考。

2）探索绿色供需意愿影响机理及行为演化路径，为政府规制提供实施依据

在绿色住宅市场中，开发商不了解消费者对绿色住宅的需求状况和偏好，仅

关注短期的经济利益回报，开发绿色住宅仍然停留在概念宣传和营销策划的层面；而消费者在改善居住环境和提升居住品质的需求驱动下，对绿色住宅预期的经济效益和环境效益持有质疑和观望的态度。

本书结合实证研究和仿真分析，探索了绿色住宅供需意愿影响机理及行为演化路径，从鼓励绿色住宅租赁业务、推行绿色住宅激励政策、探索绿色住宅积分制度和加大政府调控力度等四个方面提供政策建议，为政府规制绿色住宅推广政策提供依据。

1.4　研究内容及逻辑结构

1.4.1　研究内容

本书以绿色住宅规模化推广为研究目标，利用文献分析法识别影响绿色住宅供需意愿的 21 个因素；构建结构方程模型分别研究供给侧开发意愿和需求侧购买意愿影响机理；并应用演化博弈理论和系统动力学仿真方法，动态模拟绿色住宅供需行为演化过程，最后提出绿色住宅规模化推广政策建议，技术路线如图 1.8 所示。

内容主要分为四大核心部分：

1）绿色住宅供需意愿影响因素识别

本部分研究首先分析绿色住宅发展的特征，识别影响绿色住宅供需方意愿的 21 个影响因素。其次，通过专家打分法，应用 DEMATEL 方法分析计算各个影响因素的影响度、被影响度、中心度和原因度，最终筛选出 10 个关键影响因素。

2）开发商绿色住宅开发意愿影响机理实证研究

本部分研究是在关键影响因素的基础上，基于拓展计划行为理论运用结构方程模型，分析绿色住宅开发意愿行为影响因素，通过实证研究确定了供给侧层面各影响因素的显著性和路径系数。

3）消费者绿色住宅购买意愿影响机理实证研究

本部分研究也是在关键影响因素的基础上，基于感知价值理论构建结构方程模型，分析绿色住宅购买意愿影响机理，通过实证研究确定了需求侧层面各影响因素的显著性和路径系数。第 2 部分和第 3 部分实证研究包括确定观测变量、开发量表、问卷调查、收集数据、统计分析等步骤。

4）绿色住宅供需行为演化路径系统仿真

本部分研究依据第 2 部分和第 3 部分实证研究结果，抽取显著性影响因素，应用演化博弈理论构建复制者方程；并采用系统动力学理论，运用 Vensim 仿真软件，绘制"政府—开发商—消费者"因果回路图，构建政府、开发商和消费者演化博弈系统的系统动力学仿真模型；模拟不同的现实情境下和外部情景参数调整变化下，动态仿真供需双方的行为演化路径。

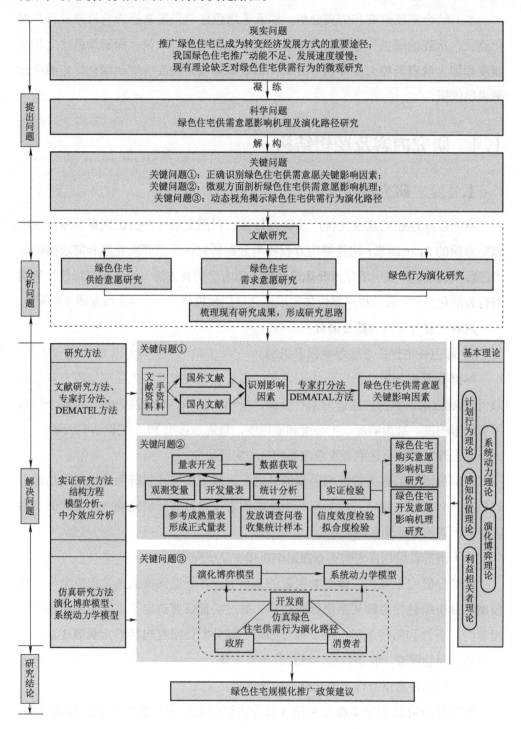

图 1.8 技术路线图

1.4.2　逻辑结构

本书按照"提出问题—分析问题—解决问题"的逻辑结构，依据"识别影响因素—实证研究—仿真研究"的思路进行撰写。通篇布局合理、逐层剖析并深入研究，力求在理论、方法和视角等方面有所创新，逻辑结构如下：

1．提出问题

包括第 1～2 章。第 1 章主要论述了研究背景、研究目的和意义、研究内容、研究方法和创新点，并对书中的绿色住宅基本概念和发展现状进行了详细论述。第 2 章的主要内容是本书撰写中所依据的基础理论，并采用 Citespace 软件反映绿色建筑研究的知识图谱，结合文献综述提出科学研究问题，为下一个阶段研究工作提供了可靠的理论依据和方法支持。

2．分析问题

包括第 3～5 章。第 3 章主要确定绿色住宅供需意愿影响因素清单，采用 DEMATEL 定量分析方法筛选出关键影响因素；第 4 章是基于拓展计划行为理论研究开发商绿色住宅开发意愿的影响机理；第 5 章是基于感知价值理论研究消费者绿色住宅的购买意愿的影响机理，深入分析影响因素之间的作用关系；第 3 章识别的影响因素是第 4 章和第 5 章构建结构方程模型的基础。

3．解决问题

包括第 6～7 章。第 6 章在第 4 章和第 5 章的基础上，应用演化博弈理论和系统动力学理论研究绿色住宅供需行为演化过程，为政府制定引导策略提供依据。本部分也是第 4 章和第 5 章两部分的延续和补充。第 7 章是对前述各个章节的总结，提出实现绿色住宅规模化推广的政策建议，总结本书的研究结论、创新点、研究不足与展望。

1.5　研究方法

1．文献研究方法

通过文献研究方法对绿色住宅相关理论包括计划行为理论、感知价值理论、利益相关者理论、演化博弈理论和系统动力学理论等进行系统地梳理与分析，把握理论发展脉络和研究前沿。然后，通过文献收集、归类与整理确定绿色住宅供需意愿影响因素清单，为绿色住宅开发意愿和购买意愿理论模型的构建提供了依据。

2．专家访谈法

基于文献研究方法确定的绿色住宅供需意愿初始影响因素清单，通过专家访谈法，借助专家的专业知识、学术积累与实践经验，对初始影响因素进行打分，进而筛选出关键影响因素。同时，在实证研究中，专家也可对研究变量、量表及研究假设提供建议，进一步完善问卷题项的设计和措辞，使调查问卷的内容更为合理。

3. 实证研究法

本书应用实证研究方法构建了基于拓展计划行为理论的开发商绿色住宅开发意愿理论模型和基于感知价值理论的消费者绿色住宅购买意愿理论模型。通过问卷调查、数据收集以及统计分析等步骤，进行信度、效度检验，以及运用结构方程模型 AMOS 软件检验模型与样本数据之间的拟合程度，揭示了绿色住宅供需双方意愿的影响机理。

4. 演化博弈方法

在绿色住宅供需行为演化的过程中，政府、开发商和消费者作为关键的利益相关主体，具有不同的预期目标和利益诉求。本书应用演化博弈理论，构建演化博弈模型，分析三方主体的收益矩阵，根据其复制者动态方程研究各影响因素对策略选择的影响，反映供需方参与绿色住宅行为演化过程。

5. 系统动力学方法

本书借鉴系统动力学方法，应用计算机仿真技术模拟利益相关者行为演化过程。在不同的外部情景参数下，观察仿真系统输出结果，验证情景参数与绿色住宅供需双方行为之间复杂的作用关系，较为全面、准确地刻画绿色住宅供需行为的演化过程。

第 2 章

理论基础与文献综述

研究绿色住宅供需意愿影响机理及行为演化路径的科学问题，不仅需要坚实的理论基础，也应全面了解国内外研究发展动态。本章重点介绍本书的理论基础和国内外研究发展动态，其中：理论基础包括计划行为理论、感知价值理论、利益相关者理论、演化博弈理论和系统动力学理论；国内外研究发展动态包括绿色建筑知识图谱、绿色住宅供给意愿、绿色住宅需求意愿与绿色行为演化的研究动态。

2.1 理论基础

2.1.1 计划行为理论

计划行为理论源自 1963 年 Fishbein 提出的多属性态度理论，该理论证明了态度会直接影响意向，且态度还会受到行为结果和结果预期的影响。1975 年，Ajzen 和 Fishbein 在多属性态度理论的基础上优化改进，创造了理性行为理论（Theory of Reasoned Action, TRA）。随后，Ajzen 对理性行为理论进行了拓展，增加了一个内在的"知觉行为控制"（Perceived Behavior Control, PBC）的变量，进而发展为计划行为理论（Theory of Planned Behavior, TPB）。计划行为理论自提出以来被广泛地应用于不同的学科领域，包括社会学、环境行为、管理学等研究领域。国内外的研究文献表明，计划行为理论在行为意向研究方面，具有较好的解释力。

1. 基本原理

计划行为理论包括 5 个要素：第一是行为态度，表明个体对特定对象所表现出的喜爱或厌恶的倾向；第二是主观规范，是指个人对于是否选择某项特定行为所感受到的社会压力，社会压力来自于对该个体行为决策具有影响力的个人或团队对于个人是否采取某种行为所施加影响力的大小；第三是知觉行为控制，是指个体依据以往经验或预期，在执行某项行为时所感知到的难易程度。第四是行为意愿，反映出个体采取某种特定行为的意愿程度；第五是个体行为，是指个体采取的实际行为。基于此理论，开发商对于绿色住宅的开发行为受到行为意愿的影响，而开发商的行为态度、主观规范和知觉行为控制影响行为意愿。计划行为理论模型见图 2.1。

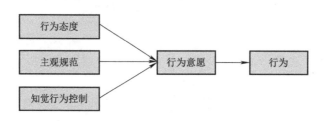

图 2.1　计划行为理论模型

2．在本书中的应用

计划行为理论作为指导第 4 章绿色住宅开发意愿影响机理研究的基础理论。本书以计划行为理论为指导，通过经典理论模型确定了行为态度、主观规范和知觉行为控制三个潜变量；并结合第 3 章绿色住宅供需意愿影响因素识别中影响开发商意愿的 4 个外部情境因素，包括市场需求、企业形象、政府激励和增量成本，共同构建了基于拓展计划行为理论的绿色住宅开发意愿影响因素理论模型，用于绿色住宅开发意愿影响机理的实证研究。

2.1.2　感知价值理论

1988 年 Zaithaml 从顾客心理学角度，最早提出感知价值的定义，结合感知成本、感知利益、感知价值和购买意向的含义，提出了感知价值购买意愿影响因素模型，至今该文献被引用频次达 2541 次，在营销学领域具有重要影响。感知价值理论是基于个体心理视角，以个人体验为基础，主观权衡和比较受益与付出之间的关系，也可被认为是消费者对所获得的产品质量与损失之间的比较。

1．基本原理

Zeithaml 等认为感知价值的内涵可以分为四个方面：①货币对感知价值的重要性；②消费者从产品中获得的效用；③强调消费者金钱与效用之间的权衡；④消费者获得的全部收益。感知价值理论的核心是感知利益与感知付出之间的权衡。国内外研究文献表明，在商品购买决策的时候，消费者对商品的感知价值对其购买行为发挥着重要的作用。感知价值理论应用领域不再限于顾客对产品和服务购买意愿的研究，逐步拓展到农业废弃物资源化行为等环境行为方面。

2．在本书中的应用

感知价值理论作为指导第 5 章绿色住宅购买意愿影响机理研究的基础理论。本书以感知价值理论为指导，通过理论模型确定感知价值和参照群体影响两个潜变量；并结合第 3 章绿色住宅供需意愿影响因素识别中影响消费者意愿的 2 个外部情境因素，包括主观知识和购买成本，共同构建了基于感知价值理论的绿色住宅购买意愿影响因素理论模型，用于绿色住宅购买意愿影响机理的实证研究。

2.1.3　利益相关者理论

斯坦福大学研究院最早提出利益相关者的概念，用来表示与企业相关的所有人。利益相关者理论最早来源于 20 世纪 60 年代的企业治理，用来定义"没有这类群体的存在，企业将无法生存下去"。该理论经过不断地发展与完善，逐步被应用于公共管理领域。到 20 世纪 70 年代，利益相关者理论已被广泛用于消费者权益保护、女权以及环境保护等研究中。该阶段，学者们研究发现，企业的利益相关方正逐渐从影响角色向参与角色转变。从 20 世纪 80 年代开始，理论内容进一步得到完善。其中，弗里曼提出的利益相关者理论广义化的概念最为经典，他也成为第一位将利益相关者理论框架完整地搭建出来的学者，并提出"利益相关者是指能够影响一个组织目标实现或者能够被组织实现目标的过程影响的人"，这是研究学者首次比较全面地提出利益相关者理论，极大地丰富了理论的内涵。

1．基本原理

利益相关者理论的核心在于企业利益相关者创造企业经济价值，他们为了各自的目的与利益自发地聚集在一起。学者安索夫将"利益相关者"的概念引入经济学与管理学领域，并指出企业管理层要想制定出理想化的企业目标，必须对企业利益相关者之间产生冲突的索取权进行综合衡量，企业利益相关者包括企业管理层人员、股东、企业员工、供应商以及分销商。1997 年，美国学者 Mitchell 和 Wood 按照项目紧迫性、权力性和合法性将利益相关者划分为确定型利益相关者、蛰伏型利益相关者和预期型利益相关者。何平均和刘思璐以此为基础，按照项目利益相关者的重要性、主动性以及利益需求性将利益相关者划分为核心利益相关者、次核心利益相关者和边缘利益相关者三种类型。

2．在本书中的应用

利益相关者理论作为指导第 6 章绿色住宅供需行为演化路径研究的基础理论。本书以利益相关者理论为指导，在绿色住宅众多参与主体中，分析政府、开发商和消费者关键利益相关者的利益诉求，包括经济性、社会性以及环境友好性。为政府—开发商—消费者三方主体绿色住宅演化博弈模型和系统动力学模型的构建提供可靠的依据。

2.1.4　演化博弈理论

演化博弈理论是动态演化过程分析和博弈理论相结合而形成的一种理论。它所强调的动态均衡，与强调静态均衡与比较静态均衡的博弈论存在不同之处。演化博弈理论源于 Fihser 等遗传生态学家在研究动植物之间的冲突与合作行为，而进行的博弈分析。研究结果发现，在不存在理性假设的前提下，运用博弈论方法可解释动植物之间的演化过程。

1950 年，经济学家阿尔钦提出，在进行经济分析时可采用自然选择的概念代替利润最大化的概念，他认为适度竞争可作为各种制度形式存在的动态选择机制。在这种选择机制下，优胜劣汰的社会生存规则促使每个行为主体都会采取最适合自己生存的行动，最终形成演化均衡，即纳什均衡。阿尔钦的观点对演化博弈理论的发展提供了有利的思路支持。纳什提出的"群体行为解释"，被视为演化博弈思想最早的理论成果。纳什的观点是，假设参与者本身有能力积累，行为主体采用纯战略获得相对优势的结果，便可实现纳什均衡。后来，1973 年斯密斯与 1974 年普瑞斯在所发表的论文中首次提出演化稳定策略（Evolutionary Stable Strategy，ESS）的概念，他们摆脱了之前研究者对博弈论的固定思维，为博弈理论的发展创造了新的研究方向。演化稳定策略是演化博弈理论的基础，它的提出促使演化博弈理论在各个研究领域中得到极为广泛的发展与应用。

1．基本原理

1978 年，生态学家 Taylorando Jkner 在研究生态演化现象时，首次提出了"模仿者动态"的概念，被称为演化博弈理论的基本概念。"模仿者动态"概念的提出成为演化博弈理论的一大突破性成果，此概念与"演化稳定策略"概念共同构成了演化博弈理论最核心的基本概念。"模仿者状态"表示演化博弈的稳定状态，而"演化稳定策略"则代表这种稳定状态的收敛动态化过程。通过 ESS 概念拓展以及动态化发展，形成了演化博弈理论。随着演化博弈理论的深入研究，许多经济学家将演化博弈理论应用于社会规范、制度以及产业演化等经济学研究领域，并且从之前的对称博弈研究向非对称博弈方向发展，获得了较好的研究成果。从 20 世纪 90 年代开始，演化博弈理论取得了新的发展，并成为演化经济学的一个重要分析工具，正逐渐开拓为经济学领域的又一新领域。演化博弈理论的基本思想是有限理性的行为人在重复博弈的过程中，不断地调整行为策略，同时通过群体内的相互学习和借鉴前人的先进经验等方式选择决策行为，最终在演化过程中形成稳定的均衡点。因此，演化博弈理论将现实中的复杂性和长期性考虑到模型中，更贴近现实情境地解决研究问题。

2．在本书中的应用

演化博弈理论作为指导第 6 章绿色住宅供需行为演化路径研究的基础理论之一。本书以演化博弈理论为指导，在行为人有限理性的假设前提下，分析政府、开发商和消费者三方的支付矩阵，构建复制者动态方程，形成演化稳定策略。在第 6 章绿色住宅供需行为演化路径研究中，通过演化博弈模型分析政府—开发商—消费者三方主体行为互动选择的动态过程。

2.1.5　系统动力学理论

麻省理工学院的福雷斯特教授最早提出系统动力学理论，并针对性地研究了经济与工业组织系统，提出了系统的基本组成以及与之相关的信息反馈等观点。在此基础上，福雷斯特教授于 1956 年正式提出系统动力学理论（System Dynamics, SD）。系统动力学理论是由系统理论、决策理论、控制论、信息论以及计算机模拟等学科综合发展而来。作为一种分析方法，结合定性与定量分析方法研究系统内的社会经济问题。系统动力学理论为认识、解决复杂系统（非线性、高阶次、多变量、多重反馈、复杂时变）问题提供了基础理论与方法。从 20 世纪 90 年代至今，系统动力学理论被广泛应用与传播，被应用于能源、医学、生物以及交通等领域。目前，系统动力学理论与结构稳定性分析、耗散结构与分叉等多个学科融合向复合联系的方向发展。

1．基本原理

系统动力学理论以反馈控制理论为基础，采用计算机模拟方法，研究一定时间范围内系统某个状态特征的变化，适用于处理长期性和周期性的问题。它的突出优势是可进行长期动态性研究，形象地反映出复杂系统的内部结构、功能和动态行为之间相互作用关系。至今，系统动力学理论被用于研究各类系统工程问题，应用于研究城市住宅系统、房地产市场周期、房地产预警机制以及政策实验等方面。

2．在本书中的应用

系统动力学理论作为指导第 6 章绿色住宅供需行为演化路径的基础理论之一。在绿色住宅规模化推广的过程中，涉及各个利益相关者主体，规模化推广绿色住宅是一项复杂的系统工程。利用常规的数学方法很难对方程求解并获得完整的信息。系统动力学研究方法以计算机仿真技术为手段，分析绿色住宅供需双方行为动态演化过程，应用系统动力学理论具有先天优势。本书在对政府、开发商和消费者三方主体演化博弈结果进行仿真模拟时，考虑到系统动力学方法在情景参数仿真模拟中的优越性以及对误差的包容性，形象地反映出系统中的各因素之间关联度，以及政府、开发商和消费者行为演化趋势，通过系统动力学方法做出合理科学的解释。因此，将系统动力学理论作为行为演化路径仿真研究的基础理论。

2.2　文献综述

2.2.1　绿色建筑知识图谱

绿色建筑知识图谱以中文数据库收录的"绿色建筑"文献为样本，利用知识图谱理论的可视化技术，系统而全面地梳理我国绿色建筑既有研究成果。采用 Citespace 软件分析绿色建筑研究热点，探索绿色建筑研究前沿和发展趋势，构建绿色建筑研究知识库，形象地展示绿色建筑研究现状与发展脉络。

2.2.1.1　研究工具与数据来源

2004 年美国德雷赛尔大学华人学者陈超美博士开发了 Citespace 软件系统，该软件系统可绘制科学技术领域发展的知识图谱，可视化地展现科学知识领域的信息全景，识别某一学科研究领域中的关键文献、热点研究和前沿方向。大连理工大学刘则渊教授曾用"一图展春秋，一览无余；一图胜万言，一目了然"概括 Citespace 软件系统，其具有简单易于操作和丰富美观的可视化效果等优点，已被广泛地应用于生命科学、生物医学、食品、管理学、教育学等领域。

本书数据来源于 CNKI 数据库中的 2000～2015 年间 CSSCI 收录、中文核心期刊收录及行业内影响较大的期刊《建筑经济》《建筑节能》《工程管理学报》中收录的文献，数据获取时间为 2016 年 8 月 26 日。关键词设定为"绿色建筑"或"低碳建筑"或"可持续建筑"或"生态建筑"，时间段设定为"2000～2015 年"共检索到 1666 条。逐条对文献进行检验，人工剔除资讯类信息、会议类信息、访谈类信息以及重复文献等无效信息后，经筛选共得到有效文献 978 篇，作为绿色建筑知识图谱分析的主要数据。

2.2.1.2　知识图谱

1．文献时间分布

对有效文献进行初步的年度统计分析，形成对绿色建筑研究成果的初步认知，有助于掌握研究所处阶段和发展动态。由图 2.2 可见，在观察期（2000～2015 年）内，国内与绿色建筑研究相关的文献数量在 2000～2008 年间呈波动式增长，从 2000 年每年不足 20 篇到 2008 年的近 40 篇，说明此阶段绿色建筑研究刚刚起步，已引起国内学术界的关注；随后 2008～2012 年间文献数量整体上呈递增的态势，2012 年研究成果达 140 篇，更多的研究者进入绿色建筑研究领域，研究热度不断攀升；2013～2014 年间绿色建筑研究文献数量骤然下跌，表明绿色建筑研究出现了短暂的停滞，该现象可能与 2013 年实施的房地产调控市场化改革有关，住宅投资增速下降，绿色建筑研究随之也进入了瓶颈阶段；2015 年绿色建筑研究文献发表数量开始回弹上升，标志着绿色建筑研究经过短期停滞后开始复苏，再次成为研究热点。

2．关键词和研究热点分布

使用 CiteSpace 软件分析研究文献的关键词，形成绿色建筑关键词图谱。关键

数量（篇）

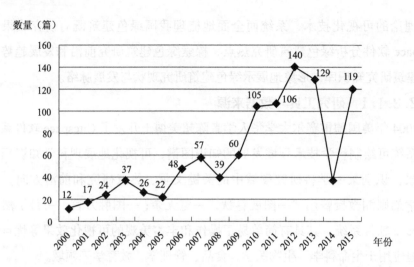

图 2.2　出版文献数量

词图谱可在一定程度上展示绿色建筑研究的热点领域，频次较高的关键词为该领域的研究热点问题。为了提高共现词聚类准确度，将绿色建筑评价标准（评价体系、评估体系、绿色建筑评价、评价指标体系、绿色建筑评价标准、绿色建筑评价体系）、绿色建筑激励机制（经济激励、激励政策、政策激励）、演化博弈（进化博弈、非对称博弈、博弈分析、博弈论、博弈模型）等同类关键词进行合并，Node Type选择为 keyword，阈值设置为 50 后，运行软件得到关键词知识图谱，见图 2.3。出现频次越高的关键词在图谱中节点越大。从图 2.3 可见，"绿色建筑"出现频次最高，其次为"评价标准""可持续发展""建筑节能""绿色施工"。

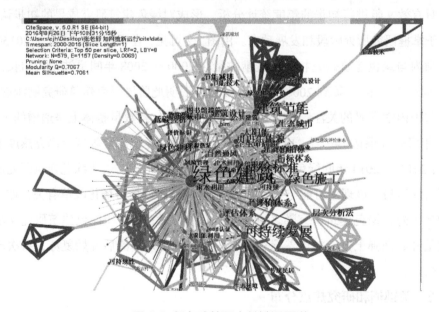

图 2.3　绿色建筑研究关键词图谱

按照关键词频次前 10 位排序统计，分布状况如表 2.1 所示。结合绿色建筑研究关键词知识谱图可见，我国绿色建筑研究成果主要围绕国内外绿色建筑评价、建筑节能、绿色施工、绿色技术、增量成本、可再生能源、生态城市和激励机制等方面，而绿色建筑供需行为方面的研究成果较少。

关键词频次排序　　　　　　　　　　　　　　　　　　　　　　　　　　表 2.1

序号	关键词	出现频次	首次出现年份
1	绿色建筑	699	2000
2	评价标准	94	2001
3	可持续发展	63	2000
4	建筑节能	44	2000
5	绿色施工	41	2005
6	绿色技术	28	2001
7	增量成本	16	2010
8	可再生能源	16	2008
9	生态城市	15	2001
10	激励机制	15	2005

3．突发主题分析

利用 CiteSpace 软件提取研究文献中的突发词，相对于传统的高频关键词分析，突发主题更适合探测学科发展的新兴趋势。在 CiteSpace 软件界面中，$f(x)$ 值设为 3，Minimum Duration 设为 1，得到 10 个突发性共现词，如表 2.2 所示绿色住宅突发主题研究热点。

2000 ~ 2001 年间可持续发展、绿色建材、生态环境等主题的出现时间较早，契合了绿色建筑早期侧重于绿色建筑技术、设计和建材的研究，并形成较多且成熟的研究成果；2010 ~ 2011 年全寿命周期、低碳城市和激励机制等研究主题的出现，符合当时政府主导下的绿色建筑从单体建筑到绿色生态城区的转化，以及政府制定经济激励措施引导绿色建筑规模化推广的现实情况；2012 年国内学者再次掀起绿色建筑技术研究的热潮，结合信息化技术，成熟的绿色技术仍是推行绿色建筑的基本保证。2012 ~ 2014 年可再生能源、评价指标和增量成本成为近 3 年的热点研究主题。

绿色建筑突发主题研究热度 表 2.2

关键词	首次出现年份	研究热度	开始时间	结束时间
可持续发展	2000	4.6038	2000	2003
绿色建材	2000	3.3536	2000	2006
生态环境	2000	2.8705	2001	2002
全生命周期	2000	4.2632	2010	2012
低碳城市	2000	3.6915	2010	2012
激励机制	2000	2.9598	2011	2012
可再生能源	2000	4.4619	2012	2013
节能技术	2000	3.5076	2012	2012
评价指标	2000	4.5178	2012	2015
增量成本	2000	3.5752	2014	2015

4. 关键词共现聚类分析

在关键词共现图谱的基础上，通过对数似然函数算法，对关键词聚类进行自动标识，CiteSpace 软件将关键词聚类成 25 类，选取其中较大的 7 个聚类为研究对象，如图 2.4 所示绿色建筑共现词聚类图谱。模块性（Modularity）是评价网络模块化的一个指标，数值越大，说明网络聚类性越好，Q 取值在 0 ~ 1 之间，Q 大于 0.3 说明网络社团显著，本网络图值为 0.7067，符合要求。剪影（Silhouette）作为反映网络同质性的指标，越接近 1，同质性越高。当大于 0.7 时，表示具有高信度的聚类；在 0.5 以上时，认为是合理的聚类，本网络图值为 0.7061，满足软件的聚类要求。关键词共现网络聚类详细信息如表 2.3 所示。聚类 0 到聚类 6 包含 152 个至 28 个节点，S 值在 0.853 ~ 0.996 之间，说明所有的聚类规模理想，主题比较明确。

通过聚类分析展现绿色建筑自 2000 ~ 2015 年研究的总体概貌与热点主题。从研究趋势来看，绿色建筑研究内容呈现出从单一的绿色建筑技术研究演变为多维度、多视角交叉融合的研究趋势。绿色建筑共现词聚类图谱反映，围绕绿色建筑的规模化推广问题，展开有关绿色建筑评价、政策、激励机制、住宅产业化、绿色施工、房地产业节能减排和绩效综合评价等方面研究。然而十分缺乏针对绿色住宅市场主体，开发商和消费者参与绿色住宅行为的研究。

在房地产业供给侧改革不断深化的背景下，政府如何引导开发商供应绿色住宅，抑制高污染、高能耗和高排放的低端建筑产品供应，推动我国建筑行业可持续健康发展，将成为房地产业绿色转型的一个重要方向。而引导消费者理性购买绿色建筑，逐步形成有效的绿色消费，解决绿色建筑推广动力不足的问题，将成为绿色建筑规模化推广的重要研究方向。

图 2.4　绿色建筑共现词聚类图谱

共现词网络聚类　　　　　　　　　　　　　　　　　　　　　　　　　　　　表 2.3

聚类编号	大小	S 值	平均年份	标识词
#0	152	0.97	2008	绿色建筑；规模化
#1	45	0.903	2008	绿色建筑评价；低碳化；产品标准
#2	43	0.926	2005	生态建筑设计；教学模式
#3	43	0.853	2004	住宅产业化；成本预测；效益
#4	37	0.875	2009	绿色施工；废弃混凝土；施工过程
#5	31	0.935	2008	气体排放；节能减排；房地产业
#6	28	0.996	2005	建筑系统；绩效综合评价；协调度

2.2.2　绿色住宅供给意愿

1. 国外相关研究

国外对绿色住宅供给意愿影响因素的研究主要体现在绿色建筑的增量成本、投资回报、市场环境、绿色技术创新、绿色建筑认证、政府监管和政策激励等方面。Zhang 等研究中国大陆开发商开发低碳建筑的影响因素，得出较高的企业投资回报和技术创新能力对低碳建筑开发具有正向影响，不完善的低碳建筑认证体系使得开发商在低碳建筑市场上绿色营销宣传缺乏可靠的依据；另外，市场上大多数潜在消费者对低碳建筑缺乏认知,"缺乏公众认知"和"市场需求偏低"对低碳建筑开发具有负面影响。

Osmani 与 O'Reilly 探索了"零排放建筑"建设的可行性,研究发现"供应链缺乏创新"和"缺乏财政激励措施"是最大的技术和财务障碍,而开发商"企业社会责任"有助于提高开发商零排放建筑营销水平。

此外,Zuo 等的研究表明行业市场环境对开发商开展商业建筑碳中和的影响最大,市场需求是最主要的推动力,"绿色技术"和"企业培训战略"在实现商业建筑开发的碳中和里发挥着关键作用。Baek 和 Park 的研究指出在既有建筑能源改造中,高额的改造成本是提高建筑物能效的一个重要障碍,并且政府建设主管部门缺乏广泛的监管体系,若引入新的监管制度,产生高昂的行政费用也影响既有建筑能源改造。

Chan 等研究表明开发商开发绿色建筑项目中,前期较高的增量成本和绿色建筑技术研发资金影响开发意愿;另外,政府提供的"政府监管"和"财政激励"也影响绿色建筑市场供给行为。Ping 和 Tovey 在探索大型商业建筑低碳可持续发展中指出,开发商缺乏专业人员、财务资源和企业战略的限制对开发大型低碳商业建筑具有负向影响。Li 和 Colombier 的研究也表明技术和制度能力不足以及缺乏实质性的市场和经济激励影响参与主体的积极性。

Yang 等采用社会网络分析方法研究中国绿色住宅项目开发的影响因素,得出当地经济发展水平、开发商开发策略和创新导向、开发商认知和绿色住宅项目定位以及开发绿色住宅项目的经验和能力四个关键影响因素。Shen 等分析中国重庆市房地产企业绿色采购的关键障碍因素,结果显示较低的市场效益和缺乏经济激励政策是最显著的障碍因素。Darko 和 Chan 以发展中国家加纳为例,通过文献回顾和对 43 名绿色建筑专业人士访谈,得出促进绿色建筑技术推广的 5 种策略,包括媒体更广泛的宣传、绿色建筑关键利益相关者的继续教育、绿色建筑技术有效实施的制度框架、加强绿色建筑技术研发以及有效的经济激励措施。

2．国内相关研究

国内对绿色住宅供给意愿影响因素的研究主要体现在绿色建筑评价体系、交易成本、政府激励和绿色住宅效能等方面。绿色建筑评价一直备受国内外学者的关注,自 2006 年中国第一部《绿色建筑评价标准》GB/T 50378—2006 发布以来,国内学者积极探索不同的绿色建筑评价方法,包括综合评价方法、评价指标体系以及采用层次分析法与专家分析咨询法,提出适合我国国情的绿色建筑评价体系研究;比较分析英国的 BREEAM、美国的 LEED、加拿大的 GBC(Green Building Challenge)、澳大利亚的 NABERS（National Australian Building Environmental Rating System）、日本的 CASBEE（Comprehensive Assessment System for Building Environmental Efficiency）等发达国家成熟的绿色建筑评价体系优点和局限性，为我国绿色建筑标准的改进提供了参考。2015 年 1 月 1 日起实施新版《绿色建筑评价标准》GB/T 50378—2014，之后出现新一轮绿色建筑评价的研究热潮，包括新版《绿色建筑评价标准》纵横比较研究，应用群层次分析法和证据推理法的绿色建筑评价，基于博弈论与神经网络的绿色建筑评价，基于综合评判法的绿色建筑评价。尽管绿色建筑评价标准采用复杂评价工具和方法，但是尚未形成成熟的评价标准体系，规范绿色住宅市场开发商和消费者的行为。

陈小龙和刘小兵认为绿色建筑市场的交易成本显著地影响开发商决策，政府提供激励政策有助于减少市场不当竞争行为；刘玉明认为在绿色建筑发展初期同时对开发商和消费者提供激励，而在成熟期逐步降低激励力度，发挥市场机制的调节作用。王肖文和刘伊生从绿色住宅的性能、供应端、需求端三方面入手，全方位探讨驱动绿色住宅市场化发展的作用机理，构建了结构方程模型，用于实证分析，并得出了绿色住宅市场化发展的关键路径。刘俊颖实证研究得出开发绿色建筑项目较高的预期收益、准确的风险判断、企业社会责任、积极的政府政策和法规将有效激励房地产企业开发绿色建筑项目，从供给侧促进绿色建筑规模化的发展；杨晓冬、高雷研究指出由于绿色住宅建造成本高、售价高、政策不完善等因素，消费者对其认可度有限，开发商对建造绿色住宅持观望态度，影响绿色住宅开发意愿。李佳桐通过建立开发商、绿色住宅和消费者三者之间的因果关系模型，对三者相互作用机理进行了分析研究，结果表明绿色住宅效能对开发商选择决策和消费者购买决策具有正向影响，消费者愿意购买绿色住宅将促进开发商开发绿色住宅。

2.2.3　绿色住宅需求意愿

1. 国外相关研究

国际建筑环境顶级期刊《Building Research and Information》在 2016 年 6 月发布专刊"Bringing Users Into Building Energy Performance"征稿，以消费者为导向的绿色建筑消费行为研究引起了学者们较高的关注度。Zuo 和 Zhao 采用综述性研究方法分析绿色建筑研究现状与趋势，提出了以消费者为导向的绿色建筑可持续发展方向，满足消费者对绿色建筑的使用要求可更好地促进绿色建筑可持续发展，并提供持久动力。

国外对绿色住宅购买意愿的研究主要体现在信息、消费者社会人口学特征和政府激励等影响因素。关于信息对绿色住宅购买意愿的影响研究，Deuble 和 Dear、Cole 和 Brown、Zhang 等探索了公共信息对绿色建筑推广的影响，消费者对绿色建筑的群体购买行为、对绿色建筑积极认可的态度以及绿色建筑公共信息的双向透明、畅通对绿色建筑的推广具有积极作用，克服了以往局限于成本溢价支出影响因素的研究。Wu 和 Chen 指出绿色住宅产品向用户传递绿色信息的方式将影响支付意愿，绿色健康的居住氛围、较高的居住舒适度等绿色信息将有效激励消费者购买绿色住宅。Chau 等采用离散选择实验的方法研究中国香港地区居民对绿色住宅的支付意愿，发现居民对住宅绿色属性的态度和偏好直接影响支付意愿，绿色住宅具有普通建筑不具备的优势、绿色建筑认知等因素直接影响消费者购买绿色住宅。

关于消费者社会人口学特征影响购买意愿的研究，Zhao 等从绿色建筑的社会性问题出发，揭示了消费者对绿色建筑基本认知和购买动机影响购买意愿。此外，绿色住宅购买行为也受到性别、家庭成员结构、职业、收入和健康关注度等社会人口学特征的影响。Attaran 和 Celik 研究大学生群体对绿色建筑的支付意愿，研究结果表明性别影响支付意愿，女性比男性更愿意购买绿色建筑，绿色建筑附带的环境价值也是促使消费者形成购买意愿的重要影响因素。Robinson 等通过广泛调研发现，从事能源信息技术的员工对绿色建筑知识了解更多，绿色建筑优于普通建筑的优势更为熟悉，也更偏爱购买绿色建筑。此外，被调查人员对绿色建筑支付意愿具有明显的地区差异性，不同地区的消费者对绿色建筑持有不同的态度将影响绿色住宅购买意愿。Mosly 研究世界上最富有的国家之一沙特阿拉伯绿色建筑认证项目较少的原因，发现缺乏绿色建筑行业专业人才和政府政策、法规支持力度较小是消费者不愿购买绿色住宅的影响因素。Hu 等以中国南京市住宅市场上潜在的消费者为例，分析环境价值观对绿色住宅购买意愿的影响，研究发现消费者普遍具有较低的环境认知，而对健康身体的关注和对居住舒适度的追求是驱动消费者购买绿色住宅的重要因素。

另外，Cowe 和 Williams 指出绿色市场患有"30 ∶ 3 综合症"，30% 的消费者自我报告愿意购买绿色产品和服务，但是实际上仅有 3% 的消费者付诸实际行为。绿色住宅产品具有负外部性，以当前利益最大化为导向的市场机制、信息不对称和交易费用等问题导致市场失灵，也是影响消费者绿色住宅购买意愿的重要因素。

政府激励对购买意愿影响的研究。Olubunmi 等将绿色建筑激励方式分为内部激励和外部激励；内部激励主要从消费者的环境保护意识出发，利用绿色住宅节能环保的特性，激励消费者购买绿色住宅。外部激励措施主要指政府提供奖励或补贴，主要形式包括：直接拨款、税收优惠、回扣和资金贴现的经济激励；Qian 等认为绿色建筑具有部分公共物品的属性，消费者在购买绿色建筑时会考虑自身利益和社会利益的均衡，提出通过政府激励减少绿色建筑的交易成本，促使消费者实现自身利益最大化和社会效益的最大化。Tan 提出绿色住宅具有提高用户的居住舒适度和工作效率的优势，政府提高经济激励力度可显著提高绿色住宅购买意愿；Harrison 和 Seile 提出绿色住宅较普通住宅出现质量问题的概率较低，并构建了绿色住宅的相关激励模型，引导绿色住宅购买行为；Gou 等分析了在全球气候变化的背景下，建立以发达国家碳交易市场需求为基础的绿色建筑激励模型，实现建筑业的可持续发展。

此外，国外研究采用不同的基础理论和方法研究绿色住宅购买意愿。Hu 等采用组合分析模型评价居民对绿色公寓的支付意愿，研究表明只有高收入人群为提高居住舒适度才愿意购买绿色公寓；Park 等应用边际支付意愿模型研究首尔的消费者对住宅建筑环境改善的意愿。Olanipekun 等基于自我决定理论，研究绿色建筑利益相关者采用绿色建筑的动机水平。Karatu 和 Nik 建立了绿色住宅购买意向的综合结构模型，模型由五个外生预测因子（绿色住宅知识、政府监管、价格敏感性和绿色住宅效能）和四个内生预测因子（绿色住宅购买意向、知觉行为控制、环境意识和对绿色住宅的充分了解）组成。结果表明，消费者购买行为受到内外生预测因子的共同作用，且内生预测因子受外生预测因子的影响而变化，从而构成了一个复杂的影响系统。Li 等基于复式心理会计理论和心理操作规程，分别从消费者行为和行为经济学视角开展两组情景实验，研究中国北京、上海、广州和深圳四个城市的 1896 名住房消费者对绿色住宅的购买意愿。综上，国外文献针对绿色住宅购买意愿的研究采用的基础理论比较新颖，研究逐步深入，引入消费者个体行为学理论和心理学理论，得出了新颖的研究结论。

2．国内相关研究

国内从 2006 年推行《绿色建筑评价标准》GB/T 50378—2006 至 2015 年《绿色建筑行动方案》发布以来，绿色建筑的研究主要侧重于绿色技术扩散和绿色建筑评价，相对缺乏从供需角度研究绿色住宅规模化推广问题。

在绿色住宅微观市场上，绿色住宅初始成本要比一般建筑高 5% ～ 10%，消费者在购买绿色住宅时需付出较多的成本，导致绿色住宅支付意愿低下，难以形成自觉购买绿色住宅的常态化行为。消费者对绿色建筑的支付意愿直接决定了能否顺利从源头推动绿色建筑。国内一些学者研究成果表明绿色建筑价格和使用功能影响支付意愿。一份对城市居民低碳意识调查分析表明，低碳建筑价格一般都高于普通建筑，31%受调查者表示不愿意购买低碳建筑。消费者在购买绿色建筑时重点考虑产品功能与自身需求的契合度。绿色建筑在某些功能上不能使消费者满意，开发商提供了许多消费者不需的功能。另外，还从消费者不同的群体细分研究绿色住宅的购买意愿，如针对年轻群体对绿色住宅购买意愿的影响因素，了解绿色住宅效益的建筑行业从业人员对绿色住宅购买意愿的影响因素。国内针对绿色住宅购买意愿的研究视角和研究对象也逐渐呈现多元化发展的态势。

国内学者主要采用计划行为理论、消费者行为理论、矛盾态度理论研究绿色住宅购买意愿影响机制，多采用支付意愿的 Logistic 回归模型、Probit 模型、多元线性回归模型和结构方程模型等研究方法确定绿色住宅购买意愿影响因素。具体的在基础理论层面，李小娜基于计划行为理论与购买行为理论分析了外界刺激、产品知识、购买态度、主观规范、知觉行为控制、购买意向 6 个研究变量之间的关系，分析结果表明，外界刺激、产品知识、主观规范显著影响购买态度，并对购买意向具有间接影响。杨雪锋依据消费者行为理论构建了低碳住宅消费者购买行为理论模型，得出人口统计特征、心理因素和外部因素对消费者绿色产品购买行为产生影响。王大海等应用矛盾态度理论，探索研究生态产品购买意向，生态产品的购买意向受多因素影响，其中培养良好的生态产品购买习惯是促进生态产品消费的关键。

在研究方法层面上，张瑞宏构建了支付意愿的 Logistic 回归模型和支付水平的多元线性回归模型，研究得出了绿色认证、消费者收入水平、教育程度均显著影响绿色住宅的购买兴趣和支付意愿；张莉等从消费者的角度出发，利用 Logistic 回归模型和多元线性回归模型分别研究了消费者购买绿色住宅行为态度和支付意愿的主要因素与特征。结果表明，收入状况、受教育程度和职业是消费者绿色住宅支付意愿的主要影响因素，并且绿色住宅运营期良好的效用可有效提高购买意愿。闻晓军采用 Probit 模型，研究影响绿色住宅消费决策的相关因素，认为明显的绿色产品特征、绿色文化资本和较长的生命周期等因素显著影响绿色住宅消费行为；张琳等基于计划行为理论，构建拓展计划行为理论模型研究年轻群体消费者对绿色住宅购买意愿，采用结构方程模型进行实证分析，得出政府激励、消费者行为态度和主观规范显著影响绿色住宅购买意愿。

2.2.4　绿色行为演化

1. 演化博弈理论行为演化研究

绿色行为演化常用的一种方法是基于演化博弈理论的仿真方法。演化博弈理论已被广泛地应用于绿色创新、低碳决策、绿色消费、绿色建筑行为主体激励等方面，具有较广泛的应用领域。在绿色创新和低碳决策方面，曹霞和张路蓬通过构建政府、企业与公众三方之间的动态博弈最优策略，研究利益相关者的环境规制行为对企业绿色技术创新扩散行为演化的影响。赵黎明等构建了政府部门和旅游企业在低碳发展决策中的演化博弈，以期促进低碳旅游的发展。徐建中等构建了政府绿色创新投入补贴与征收碳税对制造企业绿色创新模式选择影响的演化博弈模型。张宏娟和范如国构建了传统产业集群低碳演化模型，通过产业群体的相互作用和不断博弈，寻找低碳行为的最优策略。在绿色消费方面，Ji 等运用演化博弈模型分析了不同策略下多利益相关者（供应商和制造商）之间绿色采购关系的收益矩阵，通过仿真实验验证了模型的理论结果。Mahmoudi 和 Rasti-Barzoki 运用演化博弈论的方法，对政府财政干预下的绿色供应链竞争进行了仿真研究。

在绿色建筑行为主体激励方面，刘佳等运用演化博弈理论构建了有限理性条件下政府和开发商群体的支付函数，通过建立复制者动态方程，分析在初始策略以及激励约束调整后的演化稳定均衡。马辉和王建廷运用演化博弈的分析方法，建立了有限理性的开发商种群间动态复制方程，仿真开发商群体演化博弈过程，结果表明差别化的激励政策可实现激励目标；安娜根据演化博弈理论，以绿色建筑需求端为对象，构建了政府和消费者群体之间的非对称博弈模型，提出了最优经济激励策略。

2．系统动力学方法行为演化研究

采用系统动力学方法研究行为演化的研究，黄定轩研究有限理性的开发商与消费者，在开发绿色建筑存在增量成本、增量收益和增量风险的假设前提下，构建了绿色建筑需求侧演化系统动力学模型。杨晓冬采用系统动力学 VensimPLE 软件动态仿真模拟与预测南京市绿色住宅市场，认为随着绿色住宅概念的普及与推广，绿色消费意识的培养与建立，消费者会逐渐认可绿色住宅经济价值和环境价值，从而提高绿色住宅的支付意愿。

3．计算实验方法行为演化研究

采用计算实验方法研究行为演化的研究，赵爱武运用计算实验方法，将环保因素引入消费者购买动机函数，考虑消费者的微观异质性、有限理性和环境复杂性；基于情境建模动态仿真不同情境下消费者绿色产品购买过程，探索绿色购买行为的演化路径；结果表明绿色商品价格和消费者环保意识是影响消费者购买绿色商品的关键影响因素，但在绿色商品信息占优情境下，消费者更容易受到群体购买行为的影响，从而易于购买绿色商品。龚晓光和黎志成从消费者的购买行为出发，采用计算实验仿真方法研究新产品市场扩散的问题。已有关于绿色行为演化的研究，为本书第 6 章绿色住宅供需行为演化路径研究提供了较好的参考。

2.2.5 文献述评

综上，梳理总结绿色住宅供需意愿及行为演化的有关文献，绿色购买行为的研究成果十分丰富，但大多集中于绿色食品、新能源汽车等领域，而在房地产领域对绿色住宅产品购买行为的研究十分有限。已有研究中，消费者绿色建筑或住宅支付意愿的研究成果较多，而开发商绿色建筑或住宅开发意愿的研究相对较少，且尚未发现结合开发商和消费者供需意愿及行为演化视角研究绿色住宅规模化推广的问题，也未深入分析绿色住宅供需意愿影响因素之间的相互作用关系。因此，本书采用决策试验和评价实验室（Decision Making Trial and Evaluation Laboratory，DEMATEL）方法，从政府、开发商和消费者视角识别绿色住宅供需意愿影响因素，更好地揭示绿色住宅市场开发商和消费者行为相互影响的规律。

在实证研究方面，已有的理论研究和实证研究成果促进了绿色住宅供需行为理论的发展，但多从传统的经济学角度或单一的计划行为学理论来解构研究问题，未考虑从交叉学科的视角，深度融合管理学、心理学和管理学基础理论研究绿色住宅供需意愿影响机理。另外，大多实证研究基于文献分析和问卷调查方法获取影响因素，运用数理统计方法对系统静态结构展开研究，研究结论缺乏时效性和预测性，并且欠缺动态地反映绿色住宅供需行为决策的整个过程。已有研究也未考虑将实证研究、演化博弈模型和系统动力仿真模拟方法有效结合，系统地分析绿色住宅供需行为演化过程，以期更好地指导绿色住宅推广工作。

因此，本书在静态层面利用结构方程模型实证研究绿色住宅供需意愿影响机理，在动态层面利用演化博弈模型和系统动力学模型仿真绿色住宅供需行为演化路径，静态和动态两个层面的研究结论相互补充并相互验证，有利于提出有针对性的政策建议，为探索新常态下中国绿色住宅规模化发展的长效机制提供可靠的依据。

第 3 章

绿色住宅供需意愿
影响因素识别研究

绿色住宅供需意愿影响因素识别是开展意愿影响机理及行为演化路径研究的基础。为了准确识别影响因素，本章通过收集、归类国内外文献，建立开发商和消费者意愿影响因素清单；在此基础上，采用专家访谈法和打分法对各个影响因素进行两两打分，并应用 DEMETAL 方法分析各个因素的影响程度，筛选出关键影响因素，为开展绿色住宅供需意愿影响机理研究提供指标支持。

3.1 绿色住宅供需意愿影响因素

在绿色住宅的全生命周期内，从规划、设计、建造、运营直到拆除需经历较漫长的时间，期间也会涉及众多利益相关方，如政府、开发商、供应商、承包商、消费者等。其中，房地产开发商群体和消费者群体是绿色住宅市场的核心利益主体，绿色住宅开发意愿与消费者购买意愿直接影响绿色住宅规模化推广。政府作为公共利益的代表方，通过制定激励约束机制干预市场主体的行为。三方主体在绿色住宅规模化推广过程中均发挥着重要的作用。本书采用文献研究法，列举政府、开发商和消费者视角的绿色住宅供需意愿影响因素。

3.1.1 政府方视角影响因素

1. 绿色建筑评价（G_1）

政府对于绿色住宅供需意愿的影响体现在绿色住宅评价体系的编制，熟知的绿色建筑评价体系，如美国的 LEED 和英国的 BREEAM 都是由政府部门组织编制。绿色住宅评价体系不仅规范了绿色住宅的技术标准和市场机制，也为消费者提供了简洁的识别方法与评价。政府对绿色住宅产品的呼吁，也是为开发商进行市场宣传。在澳大利亚，政府推出关于绿色建筑的宣讲会和知识培训会，让消费者深入了解绿色住宅的效益，增加消费者对绿色住宅产品的消费信心。

2006 年，住房城乡建设部出台了我国第一部《绿色建筑评价标准》GB／T 50378—2006，大力推广本土化的绿色建筑评价工作；2014 年，又完成了原标准的修订，出台了《绿色建筑评价标准》GB/T 50378—2014。目前，绿色建筑评价体系的评价方法大多需要咨询专家意见，使评价结果具有较强的主观性。因此，绿色住宅评价标准体系影响绿色住宅供需意愿。

2. 政策执行力度（G_2）

在中国，依据 Zhang 的研究结果，房地产开发商的管理人员认为政策执行力度不够是住宅项目实施绿色战略的最大障碍之一。北京市政府虽然制定了较为严格的强制性绿色住宅政策，但是仍然存在执行力度不足的问题。大多数开发商仅把强制性政策作为一种行政措施，而无法约束开发商的行为，严重地影响了政策执行力度和效果，使绿色住宅规模化推广受到较大的影响。

3. 政策法规（G_3）

目前，政府尚未建立支持绿色建筑发展的法律法规体系，绿色建筑发展作为建筑节能工作的延伸，仅仅依据国务院相关部委出台的《绿色建筑行动方案》，难以有效协同各部门的力量，相关政策执行力度降低。通过制订或完善绿色建筑法律法规，使推动绿色建筑的工作有法可依。能源的可持续利用和环境变化一直是各国政府高度关注的热点话题，各行业都积极地将环境保护纳入重点工作的范畴，建筑行业也不例外。政府部门出台"加快推进可再生能源建筑的应用"，呼吁广大开发商投资绿色住宅，为环境保护主动承担企业职责。另外，政府提出对开发商开发绿色住宅时发生的增量成本给予补贴，参照《"十二五"建筑节能专项规划》中总结出的绿色住宅建筑增量成本以及绿色建筑的评价星级做出相应的补贴。在新加坡，除了经济性的补贴外，政府也会增加开发绿色住宅的房地产公司的信用等级，并与之建立良好的合作机制。

Darko 等对驱动绿色建筑发展的因素做了大量的文献回顾，共识别 64 项驱动因素，其中政府的政策法规影响位列第一，这充分说明政府对绿色建筑推广的重要性。

3.1.2　开发商视角影响因素

1. 绿色认知（D_1）

绿色住宅开发已逐步成为房地产业发展转型的一种趋势，目前只有部分开发商，如万科、朗诗地产逐步转型开发绿色住宅，而绝大多数开发商对绿色住宅的概念和认知相对有限，不能全面了解绿色住宅的成本和效益。开发商应从关注短期内的投资回报，转变为以消费者导向的，提供较好经济效益、环境效益和社会效益的住宅产品，以获得更多的市场份额。因此，开发商对绿色住宅的绿色认知影响其开发意愿。

2. 增量成本（D_2）

开发成本决定着企业的盈利空间，为了追求利润最大化，企业都在想方设法压缩成本。绿色住宅发生的增量成本不仅包括由于采用绿色技术所增加的材料、设备产生的成本，也包括绿色住宅建筑设计、咨询和标识认证的额外费用。在建筑行业中，当考虑一个项目的开发建设时，几乎所有各方主体都关注初始成本。开发商在开发绿色住宅的过程中，需要为绿色住宅设计和施工单位提供配合工作，但是目前只有少量设计单位熟练掌握绿色住宅业务。开发商必须邀请专业的绿色建筑咨询机构提供绿色住宅的设计和标识申请工作。此外，也有一些绿色技术的设计方案十分理想，但是由于施工企业绿色施工能力不足和水平所限，绿色住宅施工质量难以达到绿色技术的预期效果，影响绿色住宅的产品性能。

一般来说，绿色住宅的星级越高，增量成本往往也越高。如果开发商承担的绿色住宅增量成本，难以在市场上通过销售数量或售价的增长收回，即不能给企业带来短期或长期的盈利，那么开发商将承担较大的市场风险，最终不愿开发绿色住宅。因此，增量成本影响开发商绿色住宅开发意愿。

3. 绿色技术（D_3）

选择绿色技术是开发商绿色住宅设计的一项重要工作。目前，绿色住宅市场上缺乏成熟的绿色住宅技术。另外，如果开发商选择不适合建设项目的绿色技术或不成熟的绿色技术，那么绿色住宅有可能不能实现高效利用自然资源和合理利用能源的目标，也可能降低绿色住宅项目的经济效益、环境效益和社会效益，最终影响开发商对绿色住宅的开发意愿。因此，绿色技术影响开发商绿色住宅开发意愿。

4. 市场需求（D_4）

绿色住宅的市场需求主要取决于消费者对绿色住宅的认知和认同程度。如果消费者具有较好的节能环保意识，充分理解绿色住宅理念，希望购买绿色住宅，那么便产生了绿色住宅产品需求，从而驱动开发商开发绿色住宅。消费者是绿色住宅的最终消费主体，消费者需求偏好是开发商开发不同类型住宅的重要决定因素。消费者对绿色住宅旺盛的需求是从源头拉动绿色住宅规模化推广的强大动力。只有消费者自愿购买绿色住宅，开发商才有主动性开发绿色住宅。Zhang 认为消费者是绿色房地产市场供给的外部驱动因素。因此，绿色住宅市场需求影响开发商绿色住宅开发意愿。

5. 政策激励（D_5）

在境外，政府政策激励是影响绿色住宅推广的关键因素。在中国香港，缺乏管理激励措施是客户实施绿色屋顶方案的最大障碍。在马来西亚，缺乏政府激励也是承包商、顾问和开发商不愿参与绿色建筑的根本障碍之一。政府大力扶持绿色建筑产业，需对开发商和消费者提供有效激励。

开发商对于政策激励的诉求，最终反映在降低绿色住宅的开发成本。在非经济性激励措施中，土地成本在房地产开发成本中所占的份额最高。因此，开发商最希望在绿色住宅项目土地获取过程中获得优先权、土地出让金的优惠等。其次，容积率补偿也是很多开发商普遍认可的一种行政激励措施。但是，容积率补偿措施不适合于一些容积率已经很高的项目。此外，加速绿色住宅审批也是开发商比较推崇的一种激励措施，如提供有限审批权，缩短绿色住宅开发时间，并且减少资金成本。在经济性激励措施中，从目前我国出台的建筑节能政策来看，财政补贴是最常用的激励手段。开发商更热衷于获得融资和税收方面的优惠。但是，政府提供的补贴经常出现滞后或不到位的现象，增加了开发商受益的不确定性，而贷款优惠和税收减免政策的收益确定性较高，开发商的认可度较高。目前，政府已在节能减排方面提供了金融和税收优惠的政策，但是其中并未明确对绿色住宅项目提供支持，导致开发商不能享受因开发绿色住宅产品而获得的融资和税收优惠。因此，政府激励影响开发商绿色住宅开发意愿。

6. 投资回报（D_6）

开发商在进行绿色住宅的投资决策中，特别重视拟开发项目预期的经济效益，以及项目可否为企业带来更高的收益。与传统住宅相比，绿色住宅在前期规划、设计、施工等阶段产生增量成本，以利益为导向的开发商能否收回绿色住宅投资费用，显著地影响开发商绿色住宅开发意愿。尤其是绿色住宅推广的初期，消费者市场认可度较低，使开发商很可能面临较大的市场风险。因此，绿色住宅投资回报影响开发商绿色住宅开发意愿。

7. 企业形象（D_7）

开发商良好的企业形象是提高其品牌价值，获得长期盈利的一种重要手段。如果开发商开发绿色住宅有利于提升品牌价值，那么将促使开发商开发绿色住宅。在绿色住宅市场，部分开发商如万科、朗诗等已走在开发绿色住宅的前列，希望通过开发绿色住宅，在差异化竞争中提高品牌价值和行业竞争力。开发商品牌形象也会对绿色住宅开发项目后期销售产生良好的影响。选择资质力量雄厚、信誉好的承建单位建造绿色住宅，也有助于获得社会公众认可。因此，企业形象影响开发商绿色住宅开发意愿。

8. 建设工期（D_8）

绿色住宅建设工期将影响开发商开发建设的资金成本，进而影响绿色住宅项目开发成本和收益。在绿色住宅开发过程中，采用新型的绿色新技术，开发商技术人员和管理人员不具备充足的专业技术知识和管理经验，有可能延长绿色住宅开发建设周期。此外，在申请绿色标识认证的过程中，绿色住宅繁琐的审批流程也可能影响绿色住宅项目的建设工期。建设工期的延长将造成开发商承担较大的风险，并损失更多的经济效益。因此，绿色住宅建设工期影响开发商绿色住宅开发意愿。

9. 企业战略（D_9）

在可持续发展理念下，企业绿色战略是企业将环境保护责任纳入生产经营活动中，尽量减少环境污染和对生态环境的破坏。开发商在制定企业战略时，通过制定企业绿色发展目标和建立绿色管理体系，规划企业绿色战略发展方向。国内一些大型的开发商，如万科、朗诗等国内绿色住宅开发实践的引领者，已将绿色建筑发展列入企业战略发展规划，承担可持续发展的社会责任。绿色住宅具有良好的经济效益、环境效益和社会效益，符合企业绿色战略的方向。具有绿色发展战略的开发商，将更积极地开发绿色住宅。因此，企业战略影响开发商绿色住宅开发意愿。

10. 融资渠道（D_{10}）

绿色住宅的初始建设成本高于普通住宅，合理的项目融资渠道尤为重要。如果开发商融资渠道较少，仅依靠银行贷款的方式，那么融资风险与市场利率变化密切相关。如果开发商银行贷款比例过高，或利率波动幅度过大，那么融资成本将大幅度增加。甚至出现流动资金周转不足的问题，致使项目工期延误，导致开发商项目投资失败。如果政府为开发商制定多元化的融资渠道，并提供优惠的贷款利率，可减少绿色住宅项目资金风险，因此，融资渠道影响开发商绿色住宅开发意愿。

11. 政府监管（D_{11}）

在企业绿色生产中，企业作为"经济人"一味地追求利益最大化，而忽视对环境造成的破坏。政府需对企业进行监管，从源头抵制企业破坏环境的行为。目前，政府对开发商的监管主要体现在建筑节能方面。政府制定有效的监督机制和严厉的惩罚措施，促使开发商"不敢违规"。国外学者 Chan 等的研究也表明开发商在开发绿色建筑项目中，政府监管影响开发商绿色住宅开发意愿。因此，政府监管影响开发商绿色住宅开发意愿。

3.1.3 消费者视角影响因素

1. 主观知识（C_1）

绿色住宅作为一种较新兴的绿色产品，绝大多数消费者并不了解其良好的经济效益、环境效益和社会效益。消费者不具有绿色住宅产品的主观知识，直接导致绿色住宅购买的积极性不高，难以形成自发的市场行为。根据开发商对绿色住宅项目的一份前期市场调研报告，发现大多数消费者对绿色住宅存在的认知偏差，甚至一些消费者认为绿色住宅就是小区绿化较好的小区，或是高科技住宅，费用远高于普通住宅，几乎不了解绿色住宅"四节一环保"的特性。因此，消费者主观知识影响绿色住宅购买意愿。

2. 支付能力（C_2）

支付能力是消费者实际购买选择的重要影响因素。当前，在住宅产品价格居高不下的背景下，消费者购房压力较大，远超出其收入水平。许多具有较强环保意识的消费者，虽然积极关注气候变化和环境污染的问题，也愿意购买绿色住宅，但是由于其支付能力不足，在实际购买住宅产品时，依据马斯洛需求理论，他们更多地考虑自身的收入水平，满足基本的居住需求，购买当前售价略低的普通住宅。因此，消费者支付能力影响绿色住宅购买意愿。

3. 感知价值（C_3）

消费者在购买决策中，在其认知范围内，需判断所购买的绿色商品预期能否实现自己的价值要求。感知价值理论最早被应用于消费者意愿及行为的研究，随着研究领域的不断拓展和研究内容的丰富，感知价值的维度也越来越具体明确。通常，消费者在自身支付能力范围内，追求效用最大化。消费者的主观感受决定了绿色住宅产品的价值。不同的消费者对同一产品效用评价是不同的。具有较高环保意识的消费者，对于绿色住宅的环境效用评价高于普通消费者。消费者在绿色住宅购买决策的过程中，主要权衡居住健康和舒适性要求获得满足而产生的购买意愿和使用阶段运营成本节约之和是否大于购买绿色住宅支付的成本溢价。因此，消费者对绿色住宅感知价值影响绿色住宅购买意愿。

4. 交易成本（C_4）

在房地产市场，开发商与消费者之间存在严重的信息不对称的问题，对于消费者来说，信息不对称导致的不确定性是交易成本产生的主要原因。消费者对绿色住宅评价标准知识的缺失，部分开发商在营销环节过度夸大绿色住宅的能效表现，造成绿色住宅出现"柠檬市场"。消费者购买绿色住宅预期风险较大，带来较高的交易成本。政府对绿色住宅宣传深度不够，从而出现"逆向选择"的风险，广大消费者对于绿色住宅产品可能会望而生畏，这种现象长此以往，可能会导致绿色住宅退出市场。因此，交易成本影响消费者绿色住宅购买意愿。

5. 环境意识（C_5）

如果普通消费者具有较强的节能环保意识，充分了解绿色住宅的理念和效益，那么消费者将愿意购买绿色住宅，有利于促进绿色住宅市场需求的增加。Zhang 等认为提高消费者环境意识是鼓励消费者履行减碳行为的一种有效方式。政府通过教育和宣传，培养低碳生活方式，提高消费者环境保护意识，以推动中国城区低碳建筑的发展。因此，消费者环境意识影响绿色住宅的购买意愿。

6. 购买成本（C_6）

与普通住宅相比，绿色住宅购买成本往往较高，主要体现在规划、设计、施工和运营阶段采用节能、节地、节水、节材绿色技术而产生增量成本。开发商通过提高绿色住宅平均售价的方式将增量成本转嫁给消费者。消费者在购买绿色住宅的过程中，将承担更高的售价。对于一般的消费者，如果绿色住宅和普通住宅都能满足基本居住需求，那么购买普通住宅的可能性更大。因此，购买成本影响消费者绿色住宅购买意愿。

7. 产品信任（C_7）

在绿色住宅市场，开发商与消费者之间存在较为突出的信息不对称问题。绿色住宅市场为信息不完备市场，消费者缺乏了解绿色住宅技术、效用和优势的渠道。另外，绿色住宅产品性能的后验性，在运营阶段能源费用节约的优势是否可以实现，消费者对绿色住宅产品性能缺乏信任，从而影响消费者购买绿色住宅的意愿。因此，绿色住宅产品信任影响消费者绿色住宅购买意愿。

基于以上文献分析，提出绿色住宅供需意愿影响因素清单，如表3.1所示。

绿色住宅供需意愿影响因素清单 表3.1

一级指标	二级指标	参考文献
政府（G）	绿色建筑评价（G_1）	[131] [132] [141] [151] [152] [153] [154] [155]
	政策执行力度（G_2）	[134] [135] [156] [157] [158]
	政策法规（G_3）	[13] [140] [157][159] [160] [161] [162] [163] [164]
开发商（D）	绿色认知（D_1）	[70] [160] [165] [166] [167] [168]
	增量成本（D_2）	[137] [138] [157] [168] [169]
	绿色技术（D_3）	[136] [138] [140] [158] [168] [170] [171]
	市场需求（D_4）	[138] [139] [162] [172] [173] [174] [175]
	政策激励（D_5）	[134] [135] [160] [161] [162] [173] [174] [175] [176]
	投资回报（D_6）	[142] [156] [167] [177] [165] [168] [178] [179]
	企业形象（D_7）	[143] [144] [180] [181]
	建设工期（D_8）	[138] [144] [158] [182] [183] [184]
	企业战略（D_9）	[34] [161] [168] [185] [186]
	融资渠道（D_{10}）	[144] [167] [176] [181] [187]
	政府监管（D_{11}）	[167] [168] [179] [183] [188]

一级指标	二级指标	参考文献
消费者（C）	主观知识（C_1）	[30] [125] [138] [163] [167] [181]
	支付能力（C_2）	[139] [189] [190] [191]
	感知价值（C_3）	[153] [159] [192] [193] [194] [195]
	交易成本（C_4）	[22] [26] [161] [188]
	环境意识（C_5）	[169] [172] [174] [196]
	购买成本（C_6）	[152] [197] [198] [199] [200] [201] [202]
	产品信任（C_7）	[161] [167] [203] [204]

3.2　基于 DEMETAL 的绿色住宅供需意愿影响因素识别

在绿色住宅规模化推广中，供需意愿影响因素识别是影响机理及行为演化路径研究的基础，提取出的影响因素指标的科学性，将直接关系到影响机理研究是否科学、行为演化路径分析是否合理。绿色住宅供需意愿影响因素有若干个，并且各个自变量之间存在关联。DEMATEL 方法是从各因素之间的关系出发，通过分析有关影响因素，计算影响因素之间的影响度、被影响度、中心度和原因度。经过分析得出各影响因素之间相互影响，便于进一步筛选出关键影响因素。本书根据中心度和原因度数值大小，判断各因素对绿色住宅供需意愿影响的重要度，最终筛选出 10 个关键影响因素，为实证研究提供指标依据。

3.2.1　DEMATEL 方法

1．DEMATEL 方法概述

决策试验和评价实验室（Decision Making Trial and Evaluation Laboratory, DEMATEL）方法是通过计算各因素的"四度"来确定目标对象关键因素的方法，它是一种有效地建立各因素之间因果关系和相互影响程度的方法。由于影响绿色住宅供需意愿的诸多因素之间存在联系且相互制约。因此，DEMATEL 方法适合分析绿色住宅供需意愿影响因素之间的相互关系。

2．DEMETAL 方法应用步骤

第一步：建立直接关系矩阵。为了获得影响绿色住宅供需意愿影响因素，通过对以往相关文献的回顾和总结，得出了影响因素清单，并将影响因素分为政府、开发商和消费者三个视角。笔者将影响因素清单发放给相关专家，并采用 0～5 评分法对其进行打分。通常，专家评分方法涉及多个专家参与，本书采用加权平

均法来记录影响程度。将影响因素 i 对因素 j 的影响程度记为 a_{ij}，如果影响因素 i 对影响因素 j 没有直接影响关系，对应的矩阵中关系分数记为 0，1 表示影响很弱，2 表示影响较弱，3 表示中度影响，4 表示影响较强，5 表示影响很强。由此可得到直接关系矩阵（M），如式（3-1）所示。

$$M = \begin{pmatrix} a_{11} & a_{12} & \ldots & a_{1n} \\ a_{21} & a_{22} & \ldots & a_{2n} \\ \vdots & \vdots & \vdots & \vdots \\ a_{n1} & a_{n2} & \ldots & a_{nn} \end{pmatrix} \tag{3-1}$$

第二步：将直接关系矩阵标准化。标准矩阵的计算如下，见式（3-2）。

$$Z = t \times M \tag{3-2}$$

$$t = \min \left\{ \max \sum_{j=1}^{n} a_{ij}, \max \sum_{i=1}^{n} a_{ij} \right\}$$

第三步：计算总关系矩阵 $T = Z(I-Z)^{-1}$，其中 I 为单位矩阵，$(I-Z)^{-1}$ 为矩阵 I-Z 的逆矩阵。

第四步：计算影响度（R），被影响度（C），中心度（$R+C$）和原因度（$R-C$）。其中影响度是总关系矩阵中每一行之和，表示该因素对其他因素的影响程度。被影响度是总关系矩阵中每一列之和。中心度表示与其他因素之间的联系，其数值越大，联系就越强。原因度大于零，表示该因素为原因因素，且其数值越大，对其他因素的影响也越大。如果原因度小于零，表示该因素为结果因素。

DEMETAL 分析方法是一种基于图论与矩阵工具进行系统因素重要程度分析的方法。它能够通过分析系统中因素之间的逻辑关系与直接影响矩阵计算因素的影响程度、被影响度、原因度和中心度，从而揭示出重要的影响因素。该方法强调优先改善原因因素，同时根据因素的重要度确定优先改进顺序。因此，依据文献研究方法识别出来的绿色住宅供需意愿影响因素清单，本书可应用 DEMETAL 方法确定绿色住宅供需意愿影响因素的重要程度。

3.2.2 影响因素属性分析

关键影响因素的确定是研究开发商开发绿色住宅和消费者购买绿色住宅影响机理的基础。为了进行系统地分析，通过专家访谈法确定影响因素属性和相互间影响关系。访谈对象主要包括：一是近 3 年内有购房需求的消费者；二是房地产开发企业中层以上领导；三是高等院校房地产专业教授；四是省级房地产业协会专家咨询委员会成员；五是山东省住房和城乡建设厅节能科技处领导。共 20 名访谈对象参与访谈工作。由于这些访谈对象大多为绿色住宅规模化推广中的关键利益相关者，其中开发商和消费者对绿色住宅的供需影响因素具有较为直观的感知，而相关专家参与绿色住宅发展形势调研和政策研究，具有丰富的绿色住宅研究工作经验。因此，访谈结果具有较强的可信度。

本部分主要采用 0～5 评分法来评价影响因素之间的相互影响程度。根据表 3.1 所列影响因素清单，应用 0～5 打分法对各因素进行两两评判，将影响因素 i 对 j 的影响程度记为 a_{ij}。如果因素 i 对因素 j 没有直接影响关系，对应的矩阵中关系分数记为 0，1 表示影响很弱，2 表示影响较弱，3 表示中度影响，4 表示影响较强，5 表示影响很强。笔者分析访谈结果确定不同因素间的直接影响程度，并根据专家打分结果，应用加权平均的方法确定矩阵中的关系分数。最终绿色住宅供需意愿影响因素的直接关系矩阵如表 3.2 所示。

在 DEMATEL 方法分析步骤的基础上，依据各因素之间的逻辑关系构建直接影响矩阵和综合影响矩阵。首先计算出各影响因素之间的影响度、被影响度，然后计算原因度和中心度，进而确定该因素是原因因素还是结果因素，最后判定系统中的关键影响因素。

1. 影响度、被影响度、中心度、原因度计算

DEMATEL 分析方法中各个影响因素之间的影响关系是一种综合影响关系，包括影响度、被影响度、中心度和原因度。通过专家访谈法，对影响因素（政府方、开发商和消费者）一级和二级指标关系进行打分，确定直接影响矩阵和综合影响矩阵。并计算一级指标（消费者、开发商和政府方）和二级指标各个影响因素的影响度（R）、被影响度（C）、中心度（$R+C$）和原因度（$R-C$）。根据基本指标的含义计算各因素的影响程度，并确定出关键影响因素。表 3.3 所示的一级指标间的综合影响关系，通过直接关系矩阵的标准化建立总关系矩阵，得到二级指标间的综合影响关系如表 3.4 所示。

绿色住宅供需意愿影响因素的直接关系矩阵　　　　　　　　　　　　　　　　表 3.2

	D_1	D_2	D_3	D_4	D_5	D_6	D_7	D_8	D_9	D_{10}	D_{11}	G_1	G_2	G_3	C_1	C_2	C_3	C_4	C_5	C_6	C_7
D_1	0	5	1	5	3	4	2	4	5	3	4	1	3	2	4	3	2	1	0	2	3
D_2	5	0	4	4	5	3	4	5	3	2	3	3	2	2	4	5	3	2	1	4
D_3	4	5	0	3	4	4	2	5	3	1	1	4	3	4	4	5	3	2	4	4	3
D_4	3	1	2	0	3	3	4	1	3	4	3	2	1	5	3	4	3	2	3	3	4
D_5	4	3	2	2	0	4	4	5	3	2	1	3	3	4	4	5	4	5	4	3	3

续表

	D_1	D_2	D_3	D_4	D_5	D_6	D_7	D_8	D_9	D_{10}	D_{11}	G_1	G_2	G_3	C_1	C_2	C_3	C_4	C_5	C_6	C_7
D_6	3	1	2	2	4	0	5	3	1	4	4	3	3	5	5	4	4	1	2	3	4
D_7	4	5	0	5	4	4	0	3	3	4	3	2	3	4	5	4	4	3	2	1	1
D_8	3	5	4	5	3	3	4	0	4	5	3	4	1	4	3	2	2	4	4	3	1
D_9	2	4	1	5	2	4	3	4	0	3	4	2	5	4	2	1	3	4	5	4	1
D_{10}	1	3	3	5	3	4	4	4	3	0	3	4	3	4	3	2	1	4	3	4	1
D_{11}	3	3	4	5	3	3	3	3	2	2	0	3	2	4	2	1	4	2	4	5	1
G_1	0	2	5	5	4	3	4	4	2	4	4	0	1	3	4	3	2	4	4	4	3
G_2	1	2	3	4	2	4	5	1	5	3	4	0	0	2	3	5	4	3	5	3	4
G_3	1	4	3	4	3	2	5	5	1	3	2	2	4	0	2	3	2	1	2	3	5
C_1	4	5	2	2	2	3	1	3	0	2	1	4	4	1	0	2	4	1	4	3	4
C_2	4	4	4	3	4	3	3	2	4	1	1	1	3	4	2	0	5	2	3	1	4
C_3	5	4	4	4	4	2	1	4	3	3	5	3	4	3	2	4	0	4	2	1	3
C_4	2	3	3	3	5	3	1	2	3	1	2	3	2	5	4	1	3	0	4	3	1
C_5	3	3	3	5	2	3	4	4	3	4	4	2	1	3	4	4	2	3	0	3	2
C_6	0	3	2	4	1	4	3	5	2	5	4	1	1	3	5	4	1	2	2	0	0
C_7	1	2	0	5	3	2	4	4	1	1	4	4	2	1	3	4	1	1	1	1	0

一级指标间的综合影响关系   表3.3

一级指标	R（影响度）	C（被影响度）	$R+C$（中心度）	$R-C$（原因度）
政府（G）	3.417	1.595	5.012	1.822
开发商（D）	2.058	4.035	6.093	−1.977
消费者（C）	3.015	2.861	5.876	0.154

二级指标间的综合影响关系   表3.4

一级指标	二级指标	R（影响度）	C（被影响度）	$R+C$（中心度）	$R-C$（原因度）
政府（G）	G_1	8.894	7.829	16.723	1.064
	G_2	9.180	7.116	16.296	2.064
	G_3	7.875	9.481	17.356	−1.606
开发商（D）	D_1	7.838	7.500	15.338	0.338
	D_2	9.098	9.145	18.243	−0.048
	D_3	9.311	7.224	16.536	2.087
	D_4	7.731	10.642	18.373	−2.912

一级指标	二级指标	R（影响度）	C（被影响度）	R+C（中心度）	R-C（原因度）
开发商（D）	D_5	9.283	9.031	18.314	0.252
	D_6	8.577	8.877	17.454	-0.300
	D_7	8.770	9.151	17.920	-0.381
	D_8	9.201	9.682	18.882	-0.481
	D_9	8.657	7.078	15.735	1.579
	D_{10}	8.527	8.198	16.725	0.329
	D_{11}	8.133	7.776	15.909	0.357
消费者（C）	C_1	7.204	8.880	16.083	-1.676
	C_2	8.025	8.689	16.714	-0.664
	C_3	8.795	8.808	17.603	-0.013
	C_4	7.468	6.799	14.267	0.670
	C_5	8.451	8.172	16.622	0.279
	C_6	7.172	7.491	14.662	-0.319
	C_7	6.719	7.338	14.057	-0.619

为了形象地分析各影响因素的关系，以中心度为横坐标，原因度为纵坐标，绘制一级指标因果关系图和二级指标的因果关系图，如图 3.1、图 3.2 所示。

2．影响度与被影响度分析

从影响度来看一级指标中政府对开发商和消费者的影响相对显著，主要原因是政府具有较强的引导性。从被影响度来看，一级指标中消费者因素和开发商因素更容易受到政府方因素的影响。一方面，政府的宣传会增强开发商和消费者的绿色认知；另一方面，政策激励也会吸引开发商和消费者参与绿色住宅的开发和购买。此外，一级指标中开发商被影响度的数值最大，这说明开发商受其他因素的影响最大，也最容易改变。

二级指标中，市场需求（D_4）的被影响度较高，受其他因素的影响较大。建设工期（D_8）的影响度和被影响度都较大，表明该指标的变化对绿色住宅的开发有较大的影响。二级指标中影响度数值较大的因素包括绿色技术 D_3（9.311），政策激励 D_5（9.283），建设工期 D_8（9.201），政策执行力度 G_2（9.180），增量成本 D_2（9.098），分别位居前五位。这说明绿色技术、政策激励、建设工期、政策执行力度、增量成本这五个因素对其他因素的影响较为显著。由于我国绿色住宅的起步较晚，施工单位绿色住宅的建设经验有限，技术人员和管理人员缺乏，势必

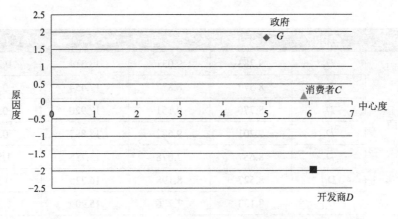

图 3.1　一级指标因果关系图

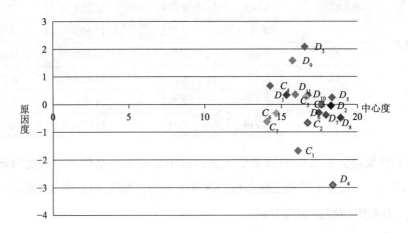

图 3.2　二级指标因果关系图

直接影响项目的顺利建设，另外施工技术的成熟度以及与设计单位、绿色材料设备供应商之间的协调也将影响项目施工建设，从而影响开发商绿色住宅开发意愿。政策激励和增量成本直接影响开发商参与绿色住宅项目建设。

3．中心度与原因度分析

中心度（$R+C$）代表了每个因素在整体分析结构中的重要性。影响因素处于核心位置，中心度越大，表明与其他因素相互影响越强。从表 3.3 可以看出，一级指标中开发商因素与其他因素关系最为密切，二级指标中中心度排名前五位的因素分别为：建设工期 D_8（18.882）、市场需求 D_4（18.373）、政策激励 D_5（18.314）、增量成本 D_2（18.243）和企业形象 D_7（17.920）。这五个因素与其他因素联系密切，可视为关键因素。市场需求在绿色住宅供需意愿影响因素中处于核心位置。

绿色住宅供需意愿影响因素清单中二级指标包括 21 个因素，其中 10 个因素的原因度大于 0，分别为：绿色认知 D_1（0.338）、绿色技术 D_3（2.087）、政策激励

D_5（0.252）、企业战略 D_9（1.579）、融资渠道 D_{10}（0.329）、政府监管 D_{11}（0.357）、政策执行力度 G_2（1.064）、政策法规 G_3（2.064）、交易成本 C_4（0.670）和环境意识 C_5（0.279）。这些因素对其他因素的影响大于其他因素对自身的影响，为原因因素。此外，有 11 个因素的原因度数值是负的，包括增量成本 D_2（-0.048）、市场需求 D_4（-2.912）、投资回报 D_6（-0.300）、企业形象 D_7（-0.381）、建设工期 D_8（-0.481）、绿色建筑评价 G_1（-1.606）、主观知识 C_1（-1.676）、支付能力 C_2（-0.664）、感知价值 C_3（-0.013）、购买成本 C_6（-0.319）和产品信任 C_7（-0.619）。这些因素对其他因素的影响小于其他因素对自身的影响，为结果因素。

通过分析各个指标因素之间的影响度、被影响度、中心度及原因度，不难发现绿色住宅供需意愿影响清单中 21 个指标因素之间具有较强的联系，彼此相互影响，共同作用影响绿色住宅规模化推广。其中政策激励为原因因素，且其原因度较低，说明不易改变，可能原因是政府慎重地制定相关法律法规且短期内不可变性，致使政策激励难以改变。另外，建设工期和增量成本为结果因素，表明施工周期和成本的最终结果将受到其他因素的较大影响，这也符合实际情况。原因度数值中市场需求（D_4）排名第一，这表明市场需求与其他因素之间的相互作用是最显著的；其影响度和被影响度均较大，说明该因素影响其他因素的同时也易受到其他因素的影响。可能原因是市场需求主要是由消费者的认知度和认可度决定的，消费者认可并愿意接受绿色住宅产品便会促进市场需求从而激励开发商开发绿色住宅产品。企业形象将影响绿色住宅营销阶段的销售，对开发商收回投资具有较大的影响。因此，开发商树立良好的企业形象可获得无形的经济效益。

3.2.3 影响因素的重要性

绿色住宅供需意愿关键影响因素是确定影响因素优先改善顺序的重要依据。由 DEMATEL 方法可知，中心度 M_i 相当于因素的绝对重要度，原因度 N_i 相当于因素的隐含重要度；若 N_i 大于零，则因素为原因因素，若 N_i 小于零，则因素为结果因素。原因因素易于改变，结果因素不易改变，因此可确定优先改善的原因因素。为确保因素重要程度的准确性，需要完善各因素的重要度指标。因此，基于影响因素的 M_i 和 N_i 的数值，计算各影响因素的重要度（Key Performance Indicators, KPI）。KPI 能够较全面地反映各因素在系统中的地位和作用，依据该指标能够确定各影响因素对绿色住宅供需意愿影响程度大小顺序，且排序相对客观和符合实际。计算式（3-3）如下：

$$KPI_j = \frac{Mi_j(1-Pn_j)}{\sum_i^n = \left[Mi_j(1-Pn_j) \right]}$$

(3-3)

其中，$Pn_j = Ni_j / \sum_{j=1}^n |Ni_j|$，其作用是对 M_i 进行修正。

根据中心度 M_i 和原因度 N_i，计算各因素的重要度 KPI 数值，通过比较 KPI 值的大小，可以得到各个影响因素的重要性排序，如表 3.5 所示。

绿色住宅供需意愿影响因素的 KPI 值 　　　　　　　　　　　　　　　　表 3.5

一级指标	二级指标	KPI	排序
政府（G）	G_1	0.045	13
	G_2	0.041	19
	G_3	0.054	3
开发商（D）	D_1	0.043	15
	D_2	0.052	5
	D_3	0.042	17
	D_4	0.061	1
	D_5	0.052	6
	D_6	0.051	7
	D_7	0.052	4
	D_8	0.055	2
	D_9	0.041	20
	D_{10}	0.047	11
	D_{11}	0.045	14
消费者（C）	C_1	0.050	9
	C_2	0.049	10
	C_3	0.050	8
	C_4	0.039	21
	C_5	0.047	12
	C_6	0.043	16
	C_7	0.042	18

3.2.4 关键影响因素的确定

选取 KPI 值大于 0.05 的指标因素，作为关键影响因素，包括市场需求（D_4）、建设工期（D_8）、政策法规（G_3）、企业形象（D_7）、增量成本（D_2）、政策激励（D_5）、投资回报（D_6）、感知价值（C_3）、主观知识（C_1）、支付能力（C_2）等 10 个指标，作为影响绿色住宅供需意愿的关键因素，后续研究中不再考虑其他因素的影响。

3.3 本章小结

本章运用文献研究方法识别出政府、开发商和消费者 3 个视角下 21 个影响因素，建立了绿色住宅供需意愿影响因素清单；采用专家访谈法和专家打分法，对 21 个影响因素进行两两比较打分，并运用 DEMATEL 方法进行定量分析，分别计算出各影响因素的影响度、被影响度、中心度和原因度，分析各因素之间相互影响。最后，依据中心度和原因度计算衡量因素重要度的 *KPI* 指标，识别出影响绿色住宅供需意愿的 10 个关键影响因素。

研究表明绿色住宅供需意愿 10 个关键影响因素，分别为市场需求（D_4）、建设工期（D_8）、政策法规（G_3）、企业形象（D_7）、增量成本（D_2）、政策激励（D_5）、投资回报（D_6）、支付能力（C_2）、主观知识（C_1），感知价值（C_3）。其中开发商维度的影响因素为市场需求、建设工期、政策法规、企业形象、增量成本、政策激励和投资回报，而消费者维度的影响因素为支付能力、绿色认知和感知价值。开发商维度的影响因素将在第 4 章中引入计划行为理论模型中，作为绿色住宅开发意愿的外部情境因素，拓展计划行为理论模型，以探索绿色住宅开发意愿影响机理；消费者维度的影响因素将在第 5 章结合感知价值理论模型，作为绿色住宅购买意愿的外部情境因素，丰富了感知价值理论应用领域，揭示绿色住宅消费者购买意愿影响机理。本章识别了绿色供需意愿关键影响因素为下一步供需意愿影响机理研究提供了可靠的研究基础。

第4章
绿色住宅开发意愿影响
机理研究

　　绿色住宅开发意愿是指有限理性的开发商在住宅一级市场上，开发新建绿色住宅产品开发与投资活动的意愿，后文中简称"绿色住宅开发意愿"。在第 3 章提取的绿色住宅开发意愿关键影响因素的基础上，基于拓展计划行为理论，运用结构方程模型研究绿色住宅开发意愿的影响机理。通过实证研究解决两个问题：一是验证关键影响因素的显著性；二是研究开发意愿的影响路径，分析影响机理，为制定绿色住宅规模化推广政策提供理论依据。

4.1　研究假设提出和初始模型构建

　　本章的研究对象是绿色住宅开发商，由于开发商的异质性，如企业规模、市场定位、绿色认知等各不相同，难以复制并找到二手数据。因此，本章采用问卷调查法收集一手数据，依据计划行为理论，考虑外部情境因素的影响，构建了绿色住宅开发意愿影响因素理论模型。根据第 3 章运用 DEMATEL 方法抽取的开发商维度的关键影响因素排序，在传统的计划行为理论模型中加入这些情境因素，拓展计划行为理论。其中建设工期最终影响建设投资费用，因此将建设工期归入增量成本；而政策法规与政府激励相关，将 2 个指标合并为政府激励。绿色住宅开发意愿影响机理的实证研究思路如图 4.1 所示。

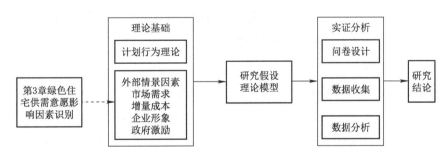

图 4.1　绿色住宅供给意愿影响机理实证研究思路

4.1.1　研究假设提出

　　计划行为理论是社会学领域研究行为意图较为流行的一种理论，该理论构建了态度—行为关系的理论研究框架，目前已被广泛应用于绿色消费研究领域，具有较好的解释力和预测力。刘俊颖提出应用计划行为理论研究房地产企业开发绿色建筑的影响因素，但未进行相应的实证分析；类似的研究还包括，曾华华用于计划行为理论研究房地产企业绿色建筑开发意愿的研究，但是仅从经典计划行为理论的行为态度、主观规范和知觉行为控制三个维度构建理论模型，从单一角度分析行为意向之间的关系，而忽视了绿色住宅开发行为中外部情景因素对开发意愿的影响。因此，本章将拓展计划行为理论，将计划行为理论和第4章识别出来的外部情境因素共同纳入一个分析框架，更好地解构研究问题。

在绿色住宅市场上，开发商绿色住宅开发意愿受到多种因素的影响。经典计划行为理论认为个体行为受行为意愿的影响，而个体行为态度、主观规范和知觉行为控制又影响行为意愿。计划行为理论被广泛地应用于建筑节能行为、绿色酒店和电动汽车消费等研究领域，在绿色产品行为意愿研究中具有较强的解释力。目前针对开发商绿色住宅项目开发意愿的文献十分缺乏，基于计划行为理论模型分析开发商绿色住宅开发行为是可行的并且效果良好。因此，本章采用拓展计划行为理论研究开发商绿色住宅开发意愿影响机理。

1. 行为态度

行为态度表明个体对执行某种特定行为喜好和不喜好的程度，行为所产生的结果和预期结果的好坏将影响行为态度。开发商对绿色住宅持有积极或消极的态度，直接影响绿色住宅开发意愿。开发商以利润最大化为目标，如果预期开发绿色住宅将带来理想的经济效益，那么开发商绿色住宅开发意愿较强，也将会主动开发绿色住宅，反之亦然。如果开发商对于较高售价的绿色住宅产品持有悲观的态度，那么开发商预期将承担较大的市场风险，造成绿色住宅开发意愿较低。此外，如果开发商制定的绿色转型发展战略中，对绿色住宅市场前景持有积极乐观的态度，那么开发商也将乐意开发绿色住宅。

2. 主观规范

主观规范是个体在执行某种行为时所感知的社会压力，反映出身边重要的人或群体对个体行为决策的影响。在错综复杂的房地产市场环境中，开发商面临激烈的市场竞争。开发商对于绿色住宅的开发意愿不仅受到行为态度的影响，也受到外界各行为主体的影响。绿色住宅开发意愿的主观规范可视为开发商在绿色住宅开发过程中，将承担来自社会公众、同行企业和行业绿色转型的压力。如果社会公众对于绿色住宅的"四节一环保"的优点和居住舒适度具有良好的认知，那么可能会形成稳定的绿色住宅市场需求；同行企业在可持续发展思想的指导下，追求住宅产品绿色转型、差异化竞争和提升企业核心竞争力；房地产行业供给侧结构性改革，绿色发展转型成为一种潮流趋势。开发商将在这些外部环境影响下，产生绿色住宅开发意愿。

3. 知觉行为控制

知觉行为控制是个体基于自身所拥有的资源和以往经验判断进行某种行为的难易程度。开发商自身能力是影响开发意愿的一个重要因素。一般情况下，开发商在进行绿色住宅项目开发决策时，将综合评价自身能力，当知觉行为控制与实际行为控制能力接近时，将产生积极的行为意愿。如果开发商具备成熟的技术和经验丰富的工作人员，具有较强创新能力和管理能力，并且拥有良好的土地资源和雄厚的资金实力，那么开发商对绿色住宅项目的成功实施具有较大的信心，开发意愿也较强。综合以上分析，提出以下假设：

假设 H_1：行为态度对开发商绿色住宅开发意愿有显著的正向影响；

假设 H_2：主观规范对开发商绿色住宅开发意愿有显著的正向影响；

假设 H_3：感知行为对开发商绿色住宅开发意愿有显著的正向影响。

4．市场需求

绿色住宅市场涉及多个利益相关者主体，包括开发商、消费者、设计方和绿色材料设备供应商。市场需求是指消费者对于绿色住宅的购买意愿及购买能力。消费者是绿色住宅的最终消费主体，其所带来的市场动力是开发商开发决策的重要影响因素。从经济学理论看，市场需求决定市场供应。消费者在绿色住宅规模化推广中发挥着重要的作用。只有当消费者愿意购买绿色住宅，开发商才有动力去开发绿色住宅。如果消费者对绿色住宅没有购买兴趣，那么开发商难以进行绿色住宅的开发实践。当绿色住宅市场需求较大时，开发商的开发意愿越强。因此，提出以下假设：

假设 H_4：市场需求对开发商绿色住宅开发意愿有显著的正向影响。

5．增量成本

与普通住宅相比，绿色住宅初始成本较高，开发商投入的增量成本是绿色住宅发展的主要障碍之一。开发商在进行绿色住宅开发决策中，较多地关注于预期的经济效益。尽管绿色住宅项目有利于实现良好的经济、社会和环境效益，但是以短期经济效益为导向的开发商，很少采纳并利用全寿命周期的成本分析方法测算节能效果、用户居住舒适性和污染物排放减少等收益。

按照第1章对于绿色住宅特性的分析，开发商绿色住宅开发的增量成本包括前期准备阶段的增量成本和实施建造阶段的增量成本两部分。通常，开发商投入的增量成本将转嫁到销售环节，通过提高住宅售价的方式，收回资金投入。如果绿色住宅产品不能顺利销售，势必将加大开发商的投资风险。绿色住宅增量成本越大，投资风险越高，开发商的开发意愿也越低。因此，增量成本将影响开发商绿色住宅开发意愿，相应提出以下假设：

假设 H_5：增量成本对开发商绿色住宅开发意愿有显著的负向影响。

6．企业形象

随着自然资源的恶化和社会环保舆论的增强，开发商除了追求有形的经济收益之外，还应当重视企业公众形象。马辉通过实证研究表明企业履行社会责任的行为有利于企业竞争力的提高，并带来无形的经济效益。Zhang 等通过对我国绿色住宅项目的案例研究，发现开发商开发绿色住宅可以提高企业的企业形象和品牌价值。开发商通过宣传其绿色形象，可提高市场竞争力，获得更多的市场份额和更丰厚的利润。在房地产业发展转型的背景下，良好的企业形象和品牌价值可促使开发商获得社会公众的信任，赢得更多的市场份额，获得可观的经济回报。因此，企业形象的提高可促使开发商开发绿色住宅，相应提出以下假设：

假设 H$_6$：企业形象对开发商绿色住宅开发意愿有显著的正向影响。

7．政策激励

由于绿色住宅存在明显的正外部性以及信息不对称的特征，导致绿色住宅市场失灵，产生额外的交易成本。因此，在绿色住宅开发过程中不可避免地产生增量成本。假如政府不对开发商提供任何经济性补偿，那么绝大多数开发商不愿开发绿色住宅。或者即使开发绿色住宅，经济利益驱动的开发商也将增量成本转移给消费者，通过提高绿色住宅产品的售价以收回投资，然而可能带来产品滞销的风险。因此，政府激励对开发商绿色住宅开发意愿具有显著性影响。Darko 等国外学者采用文献综述的方法识别出影响绿色建筑推广的 64 个驱动因素，并根据因素出现的频次排序，得出政府激励排名第 5 位。在国内，刘俊颖、曾华华等学者的研究也都得出政策激励对开发商绿色住宅开发行为具有正向影响的结论。因此，提出以下假设：

假设 H$_7$：政策激励对开发商绿色住宅开发意愿有显著的正向影响。

4.1.2 理论模型构建

对于绿色住宅开发意愿影响因素理论模型，本章在计划行为理论和绿色住宅供需意愿影响因素识别（详见第 2 章和第 3 章）的基础上，结合绿色住宅的产品特性和开发商个体的异质性，构建了绿色住宅开发意愿影响因素理论模型，如图 4.2 所示。

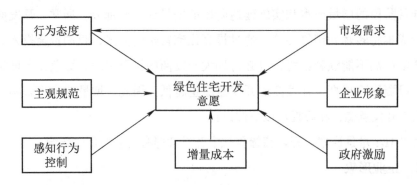

图 4.2　绿色住宅开发意愿影响因素理论模型

4.2　绿色住宅开发意愿问卷调查

本部分运用科学的实证研究方法，深入分析开发商开发意愿影响机理和作用路径。通过问卷调研收集实证研究数据，分别从调查问卷的设计、问卷发放及回收、描述性统计分析和数据整理与分析等方面进行详细论述。

4.2.1　调查问卷的设计

本章调查问卷的设计主要依据第 3 章识别的开发商绿色住宅开发意愿影响因素，参考国内外行为学领域成功的调查问卷测量量表，以计划行为理论为基础，以调查目的为导向，设置相关调查问卷题项。通过有针对性地向受访者发放、回收并整理数据，并应用统计学工具进行数据分析。按照"初步确定调查问卷—专家访谈修订问卷—对问卷进行预调研"三个步骤，展开绿色住宅开发意愿影响因素的调查。

1．初步确定调查问卷

在第 3 章识别的关键影响因素的基础上，采用文献研究法梳理已有文献，结合绿色住宅开发意愿的特性，形成各个变量的测量指标，初步确定调查问卷。

2．专家访谈修订问卷

为了进一步分析开发商绿色住宅开发意愿的影响因素，弥补初始模型的不足，确保指标的完整性和科学性，邀请若干绿色建筑研究领域高校教授、山东省住房和建设厅节能科技处政府工作人员、绿色建筑咨询机构专业人员和房地产开发企业负责人开展一对一的半结构化访谈，对初步调查问卷内容提供意见和建议，进一步修订完善调查问卷的内容。

3．问卷预调研

在正式调研之前，在研究团队成员的亲戚、朋友和同事小范围内开展预调研，收集有效问卷 55 份。主要目的是改进问卷的内容和表达方式，对调查问卷中可能产生歧义的语言表达进行修改或调整，删除部分难以回答的题项。通过预调研环节，形成专著最终的调查问卷。绿色住宅开发意愿测量表如表 4.1 所示。

调查问卷包括三个部分：第一部分是调查受访者和单位基本情况，包括受访者的性别、年龄、受教育水平和职位，以及其单位性质、规模、是否开发过绿色住宅以及在未来 3 年内是否开发绿色住宅等题项；第二部分是对开发商开发意愿影响因素进行调研。调查问卷变量的测量选用李克特 5 级量表，评估受访者对题项描述的认可程度，其中，1= 完全不同意，2= 不同意，3= 不确定，4= 同意，5= 完全同意；第三部分是了解受访者对问卷的认知程度。

4.2.2 问卷发放及回收

采用两种途径发放调查问卷：一是网上发放问卷，利用"问卷星"制作问卷，通过 QQ、微信、电子邮箱转发链接间接发放问卷，并附上研究背景以及对受访者的基本要求；二是现场发放问卷，在 2017 年 11 月山东省房地产协会组织的会议中，现场亲自将问卷递交给受访者，采用现场发放方式的问卷回收率和问卷有效率都比较理想。为了提高受访者问卷作答的积极性，笔者承诺以向受访者公布最终的调查结果作为奖励。

绿色住宅开发意愿测量表   表 4.1

测量变量	观测题项	参考文献
行为态度	1. 开发绿色住宅可提高经济效益； 2. 开发绿色住宅可提高环境效益； 3. 开发绿色住宅可提高社会效益	Ajzen[207]，曾华华[196]，刘俊颖[70]，Wang 等[184]
主观规范	4. 开发绿色住宅受社会公众的影响； 5. 开发绿色住宅受同行企业的影响； 6. 开发绿色住宅受行业绿色转型的影响	Ajzen[207]，曾华华[196]，刘俊颖[70]
知觉行为控制	7. 我公司有足够技术和人员开发绿色住宅； 8. 我公司有较强创新能力和管理能力开发绿色住宅； 9. 我公司有雄厚的资金实力开发绿色住宅	Ajzen[207]，曾华华[196]，刘俊颖[70]
市场需求	10. 消费者认可绿色住宅促使我公司开发行为； 11. 消费者节能环保意识增强促使我公司开发行为； 12. 绿色住宅的市场需求增加促使我公司开发行为	曾华华[196]，刘俊颖[70]，王肖文和刘伊生[32]
增量成本	13. 采用绿色住宅新技术增加开发成本； 14. 开发绿色住宅建设周期延长增加开发成本； 15. 申请绿色认证增加项目开发成本	Juan 等[203]，柴径阳和黄蓓佳[208]，王彦玉[209]
企业形象	16. 我公司对节能环保事业具有强烈的社会责任感； 17. 我公司开发绿色住宅有利于提高企业品牌价值； 18. 我公司具有绿色发展转型的意识	Sui 等[210]，Zhang 等[187]，马辉[114]，杨晓冬和武永祥[33]
政府激励	19. 政府对开发绿色住宅给予税收优惠政策合理； 20. 政府对开发绿色住宅给予财政补贴政策合适； 21. 政府对开发绿色住宅给予容积率优惠可行	Darko 等[135]，Olubunmi 等[84]，杨晓冬和武永祥[33]，王肖文和刘伊生[32]
开发意愿	22. 我公司愿意开发绿色住宅； 23. 我公司愿意增加绿色住宅的开发比例； 24. 总体而言，我公司开发绿色住宅的程度较高	曾华华[196]，杨晓冬和武永祥[33]

　　由于开发商绿色住宅开发意愿实证研究需要结构方程模型，模型要求大样本数据以保证分析的合理性，因此问卷调查环节应确保足够的问卷发放数量。借鉴以往实证研究经验，样本量一般为问卷题项数量的 10 ～ 15 倍为宜。调查对象主要是房地产企业决策和管理人员，共向国内 38 家房地产企业发放调研问卷 402 份，综合两种问卷发放途径，收回问卷 275 份，占回收问卷的 68.4%。收回的有效问卷中，删除无效问卷，最终确定有效问卷 241 份，占回收问卷的 87.64%，为研究提供了有效的数据支撑。

4.2.3　数据整理与分析

1．答卷人情况

　　对受访者的基本信息进行统计分析，包括学历、单位性质和职位等方面，有关受访者社会人口学特征如表 4.2 所示。由表 4.2 可见，受访者中，受教育情况集中于硕士以上学历，占比超过 50.21%；职位分布于高层管理人员，占比为 32.78%；在从业经验方面，半数以上的受访者工作 10 年以上，占比 51.04%。另外，受访者的单位中，国有企业和民营企业占比相当。因此，受访者的社会人口学特征符合调查目的，在个人素养、业务水平和从业经验等方面，都可以确保问卷数据的可靠性。

受访者社会人口学特征　　　　　　　　　　　　　　　　　　　　　　　　　　表 4.2

项目名称	类别	人数
受教育情况	专科及以下	11
	本科	109
	硕士	113
	博士及以上	8
职位	高层管理人员	79
	中层管理人员	112
	一般员工	50
单位性质	国有企业	124
	民营企业	114
	外资或合资企业	2
	其他	1
从业年限	1 ～ 5 年	36
	5 ～ 10 年	82
	10 年以上	123

2．开发商绿色住宅开发意愿调研

调查问卷结果显示，12 家开发商已开发或计划在未来 3 年内开发绿色住宅，占比 34.21%，并且开发区域多集中于珠三角城市群、长三角经济带等经济相对发达的区域开发绿色住宅。这表明经济相对发达的区域，房地产业发展已经逐步从单纯追求数量的粗放式发展转变为注重质量和人居环境的可持续发展模式，并且市场环境较好，消费者收入较高；而经济相对落后的中西部地区，绿色住宅开发意识相对落后。

4.3 绿色住宅开发意愿影响路径实证分析

提出研究假设并构建初始模型之后，依据收集的有效调查样本，下一步需进行测量模型检验、模型修正、假设检验和影响效应分析等工作，开展绿色住宅开发意愿实证研究。

4.3.1 测量模型的检验

1．问卷信度检验

信度（Reliability）用于反映被测评对象特征的可靠程度，以及衡量测度量表在测量时的稳定性与一致性。一般采用克劳伯克系数（Cronbach's α）测度问卷信度水平。如果 Cronbach's α 值为 1，表示调查结果完全可靠；如果 Cronbach's α 值为 0，表示调查结果完全不可靠。只有 Cronbach's α 大于等于 0.7 时，才能通过问卷信度检验。笔者应用 SPSS23.0 软件分析模型整体的 Cronbach's α 值为 0.894，表示问卷的信度较为理想。各个研究变量的信度检验结果如表 4.3 所示。

数据信度检验结果 表4.3

研究变量	Cronbach's α	测量题项数
行为态度（ATT）	0.867	3
主观规范（SN）	0.742	3
知觉行为控制（PBC）	0.839	3
市场需求（MD）	0.819	3
增量成本（IC）	0.731	3
企业形象（CI）	0.912	3
政府激励（GI）	0.889	3
开发意愿（DI）	0.874	3

2．问卷效度检验

效度（Validity）是指测评工具满足测评对象特质有效性和准确性的程度。效度越高，测评结果反映测评对象特质的有效性越高。笔者利用 SPSS23.0 统计分析软件进行 KMO 检验和 Bartlett 球体检验。如表 4.4 所示，7 个研究变量的 KMO 值样本测度值均大于 0.6，Bartlett 球体检验的相伴概率值均小于 0.001，说明问卷调查数据满足效度检验要求。综上，调查的样本数据均满足信度与效度要求，适合进行结构方程分析。

3．模型的整体拟合度

模型的整体拟合度常用通常采用 P 值、卡方平方 / 自由度（χ^2/df）、拟合度（Goodness of Fit Index, GFI）、调整拟合度（Adjusted Goodness of Fit Index, AGFI）、相对适配指数（Relative Fit Index, RFI）、规准适配指数（Normal Fit Index, NFI）、比较适配指数（Comp- arative Fit Index, CFI）和近似误差均方根（Root Mean Square Error of Approximation, RMSEA）等来衡量。结构方程模型整体拟合度检验结果如表 4.5 所示，分析数据整体拟合度良好，模型整体具有良好的或可接受的适配度，适合进行下一步结构方程模型分析，相应的初始模型参数估计值如表 4.6 所示。

数据效度检验结果　　　　　　　　　　　　　　　　　　　　　　　　表 4.4

变量	KMO 样本测值	卡方值	Bartlett 球体检验自由度 df	Sig
行为态度（ATT）	0.716	359.768	3	.000
主观规范（SN）	0.654	204.960	3	.000
知觉行为控制（PBC）	0.666	336.363	3	.000
市场需求（MD）	0.716	255.378	3	.000
增量成本（IC）	0.655	160.403	3	.000
企业形象（CI）	0.726	535.605	3	.000
政府激励（GI）	0.742	412.161	3	.000
开发意愿（DI）	0.739	365.628	3	.000

初始结构模型整体拟合度检验结果　　　　　　　　　　　　　　　　　表 4.5

指标	建议值	结构方程模型估计值	适配度判断
χ	—	538.3	—
P 值	<0.05	0.000	—

指标	建议值	结构方程模型估计值	适配度判断
χ^2/df	<3	2.262	拟合良好
GFI	>0.8	0.847	拟合良好
AGFI	>0.8	0.807	拟合良好
RFI	>0.9	0.832	可接受拟合
NFI	>0.9	0.855	可接受拟合
CFI	>0.9	0.912	拟合良好
RMSEA	<0.1	0.073	拟合良好

初始结构模型参数估计值   表4.6

指标	Estimate （非标准化因子负荷）	S.E. （标准误）	C.R. （t-value）	P
市场需求→行为态度	0.367	0.068	5.410	***
行为态度→开发意愿	0.129	0.061	2.127	0.033
主观规范→开发意愿	0.056	0.042	1.337	0.181
知觉行为控制→开发意愿	0.040	0.057	0.696	0.486
增量成本→开发意愿	−0.105	0.058	−1.822	0.068
市场需求→开发意愿	0.484	0.119	4.054	***
企业形象→开发意愿	0.298	0.066	4.532	***
政府激励→开发意愿	0.074	0.064	1.161	0.246

注：***代表P值小于0.005，下同。

4．模型检验

在初始结构方程模型基础上，识别各个潜变量因素之间的影响关系，并对理论假设进行验证。运用 AMO22.0 分析软件，得到开发商绿色住宅开发意愿影响的路径图。图4.3为初始结构方程模型路径系数图。

4.3.2　模型修正

在初始的测量模型中，卡方数值为538.3并不十分理想。在 AMOS22.0 软件中 View Text 模块中查看模型通过 P 值检验，不需要再修正。因此，只需查看 Modification Indices 模块，依据其提示在主观规范观测变量的残差项 e20 和知觉行为控制观测变量残差项 e23 之间连接一条路径之后，测量模型的卡方值变为

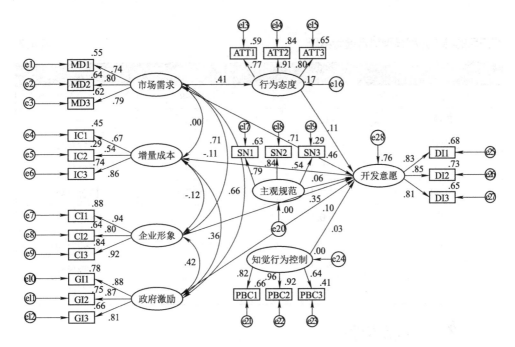

图 4.3 初始结构方程模型路径系数图

522.558。这说明主观规范观测变量 SN 与知觉行为控制 PBC3 两者之间存在共线性，增加路径得到修正后测量模型，拟合结果如图 4.4 所示，顺利通过检验。此外，修正后的结构方程模型拟合检验结果如表 4.7 所示。

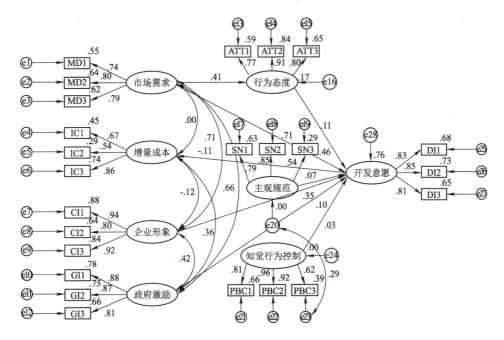

图 4.4 修正后的结构方程模型路径系数图

修正后的结构方程模型拟合检验结果 表 4.7

指 标	建议值	结构方程模型估计值	适配度判断
χ	—	522.558	—
P 值	<0.05	0.000	—
χ^2/df	<3	2.205	拟合良好
GFI	>0.8	0.856	拟合良好
AGFI	>0.8	0.817	拟合良好
RFI	>0.9	0.836	可接受拟合
NFI	>0.9	0.857	可接受拟合
CFI	>0.9	0.917	拟合良好
RMSEA	<0.1	0.071	拟合良好

4.3.3 假设检验

基于修正后的结构方程模型，各个模型参数估计值如表 4.8 和表 4.9 所示，根据参数值对前文提出的假设 $H_1 \sim H_8$ 进行假设验证。

修正后的模型参数估计值 表 4.8

变量之间的关系	Estimate	S.E.	C.R.	P
市场需求→行为意愿	0.367	0.068	5.410	***
行为态度→开发意愿	0.128	0.061	2.106	0.035
主观规范→开发意愿	0.061	0.042	1.467	0.142
知觉行为控制→开发意愿	0.041	0.058	0.694	0.487
增量成本→开发意愿	−0.105	0.058	−1.822	0.068
市场需求→开发意愿	0.482	0.119	4.042	***
企业形象→开发意愿	0.297	0.066	4.514	***
政府激励→开发意愿	0.074	0.064	1.161	0.246

理论假设的检验结果汇总 表 4.9

变量之间的关系	路径系数	P	对应假设	检验结果
市场需求→行为态度	0.41	***	H_1	成立
行为态度→开发意愿	0.11	0.035	H_2	成立
主观规范→开发意愿	0.07	0.142	H_3	不成立
知觉行为控制→开发意愿	0.03	0.487	H_4	不成立

变量之间的关系	路径系数	P	对应假设	检验结果
市场需求→开发意愿	0.46	***	H_5	成立
增量成本→开发意愿	−0.11	0.068	H_6	不成立
企业形象→开发意愿	0.35	***	H_7	成立
政府激励→开发意愿	0.10	0.045	H_8	成立

P 值小于 0.05，说明两者间有显著联系，路径系数为正，说明两者正相关，反之负相关。路径"主观规范"到"开发意愿"、"知觉行为控制"到"开发意愿"、"增量成本"到"开发意愿"，假设不通过。市场需求对行为态度具有正向影响，行为态度对开发意愿具有正向影响，主观规范对开发意愿无影响；知觉行为控制对开发意愿无影响；市场需求对开发意愿具有正向影响；增量成本对开发意愿无影响；企业形象对开发意愿具有正向影响；政府激励对开发意愿具有显著地正向影响。综上，假设 H_1、H_2、H_5、H_7 和 H_8 通过假设检验，而假设 H_3、H_4 和 H_6 未通过假设检验。

4.3.4　影响效应分析

基于计划行为理论，运用结构方程模型实证研究开发商绿色住宅开发意愿影响机理。通过修正后的路径系数图确定行为态度、主观规范、知觉行为控制、市场需求、增量成本、企业形象和政府激励各因素之间相互作用关系以及对开发商绿色住宅开发意愿影响的显著性大小，为下一步演化博弈模型分析确定关键因素提供参考。经过对 AMOS22.0 软件运行结果进行修正之后，模型各项拟合指标满足要求。

模型中各变量之间存在影响效应，每条路径可以分为直接影响效应、间接影响效应和总效应三个方面。直接效应是指原因变量到结果变量的直接影响，可以通过分析原因变量到结果变量的路径系数大小来衡量；间接效应是指原因变量通过一个或多个中介变量而对结果变量的间接影响，当只有一个中介变量时，间接效应大小是两个路径系数的乘积；总效应是直接影响效应和间接影响效应之和。表 4.10 为研究变量的影响效应。

各个研究变量之间的影响效应　　　　　　　　　　　　　　表 4.10

变量之间的关系	直接效应	间接效应	总效应
市场需求→行为态度	0.41	—	0.41
行为态度→开发意愿	0.11	—	0.11

变量之间的关系	直接效应	间接效应	总效应
市场需求→开发意愿	0.46	0.0451	0.5051
主观规范→开发意愿	0.07	—	0.07
知觉行为控制→开发意愿	0.03	—	0.03
增量成本→开发意愿	−0.11	—	−0.11
企业形象→开发意愿	0.35	—	0.35
政府激励→开发意愿	0.10	—	0.10

由表 4.10 可知，市场需求一方面对开发意愿有直接影响为 0.46，另一方面其通过行为态度这一中介变量对开发意愿有间接影响为 0.46×0.11=0.0451。市场需求对开发决策的总影响值为 0.46+0.0451=0.5051。其他的潜变量均对开发意愿有直接影响，其中行为态度直接影响为 0.11，主观规范直接影响为 0.07，知觉行为控制直接影响为 0.03，增量成本直接影响为 −0.11，企业形象直接影响为 0.35，政府激励直接影响为 0.10。

通过以上分析，可以发现绿色住宅开发意愿的 7 个影响因素中，市场需求（总效应值为 0.5051）影响最大。由此可见，不管开发商开发任何类型的住宅产品，快速去化，获得消费者的认可和赢得市场的关注，在销售环节收回投资，实现丰厚的利润始终是开发商关注的焦点。市场需求显著影响开发商对绿色住宅市场预期经济效益的判断。如果消费者具有强烈的绿色住宅购买需求，那么将促使开发商积极性开发绿色住宅。因此，市场需求是开发商绿色住宅开发意愿最显著的影响因素。

其次为企业形象，影响值为 0.35。企业形象在绿色住宅开发意愿中，也发挥着重要的作用。研究结果与杨晓冬和武永祥在研究绿色住宅选择行为的因素分析及关系研究的结果一致。由此可见，企业形象显著地正向影响开发商绿色住宅开发意愿。可能的原因是在可持续发展和社会节能环保舆论的压力下，越来越多的开发商不仅关注短期的经济利益回报，也开始注重于企业形象的提升。因此，部分开发商已树立了绿色价值观，制定了绿色建筑战略规划，其社会责任感、绿色环保意识和对企业形象的追求已成为绿色住宅开发意愿强大的内驱力。

再次为行为态度，影响值为 0.11。行为态度对绿色住宅开发意愿具有正向影响，这也符合计划行为理论研究假设。一些类似的研究，如劳可夫和吴佳在绿色产品消费相关研究也得出了相同的结果。通常，当开发商认为绿色住宅符合绿色发展转型的方向，对于绿色住宅的预期持有积极乐观态度的开发商，更愿意选择开发绿色住宅。

增量成本影响其次小，影响值为 -0.11。这个结论似乎出乎意料，与国内外一些学者的研究结论不一致。可能原因是随着绿色住宅技术的不断发展和国家对绿色建筑产业的引领，绿色住宅开发的增量成本呈现出逐步下降的态势。依据国内外学者对于增量成本的看法，开发商绿色住宅增量成本占建筑安装工程费用的比例为 1% ～ 12.5%，在国内一线和二线城市，相对于高额的地价和房价，施工阶段建筑安装工程费用占比较低。因此，开发商对产生的绿色住宅增量成本可能不敏感。

政府激励影响最小，影响值为 0.10。这个结论也说明现阶段绿色住宅现有的激励政策未足够引起开发商的重视，也未形成驱动开发商开发绿色住宅的动力。杨晓冬和武永祥甚至得到政府激励对开发商绿色住宅开发决策具有负向影响的结论，也证实了政府提供的激励政策的有效性有待于提高，下一步亟需探索适合当前中国国情的绿色住宅激励政策组合。但是，王肖文和刘伊生通过实证研究得出在绿色住宅发展的初期阶段，政府激励政策对开发商的作用最为显著，产生不同研究结果的原因可能是调查样本的区别，杨晓冬和武永祥的问卷调查对象是开发商和消费者，未明确调查对象的来源，而王肖文和刘伊生实证研究的问卷调查对象是开发商、设计单位、施工单位等，由二手房中介销售网点和物业管理单位向住宅购买人群发放问卷搜集调查样本。调查样本的不同，产生不同研究结论。本书研究以开发商为调查对象，得出政策激励影响最小的结果，说明开发商对绿色住宅目前的政策激励效果反应不理想。

4.4　本章小结

本书基于拓展计划行为理论，提出相关假设并建立了结构方程理论模型。笔者针对房地产企业开发决策和管理人员开展问卷调查，收回有效问卷数量为 241 份。经过对问卷数据进行描述性统计分析、信度和效度检验以及拟合度检验，证明问卷调查是有效的，适合作为绿色住宅开发意愿影响机理研究的数据。实证研究开发商绿色住宅开发意愿影响机理，结果表明有 4 个潜变量直接影响开发意愿，按照总影响数值大小依次为：市场需求、企业形象、行为态度和政府激励。

本章应用结构方程模型研究开发商绿色住宅开发意愿影响路径，一方面验证了开发商视角关键影响因素的显著性；另一方面确定了对绿色住宅开发意愿影响较大的 4 个因素，为研究政府、开发商和消费者三方主体演化博弈模型的构建提供理论依据。

第 5 章
绿色住宅购买意愿影响
机理研究

　　绿色住宅购买意愿是指有限理性的消费者在住宅一级市场，购买新建绿色住宅的意愿，后文中简称"绿色住宅购买意愿"。在第 3 章提取的消费者层面绿色住宅购买意愿关键影响因素的基础上，基于感知价值理论，运用结构方程模型研究绿色住宅购买意愿的影响机理。通过实证研究解决两个问题：一是验证关键影响因素的显著性；二是研究绿色住宅购买意愿的影响路径，分析影响机理，为制定绿色住宅规模化推广政策提供理论依据。

5.1　研究假设提出和初始模型构建

　　本章的研究对象是绿色住宅消费者，以中国绿色住宅市场情景为背景，通过结构方程模型实证研究方法，探索绿色住宅购买意愿的影响机理。因此，本章在感知价值理论的基础上，融入绿色住宅购买意愿外部情境因素，构建了绿色住宅购买意愿影响因素理论模型，实证研究思路如图 5.1 所示。

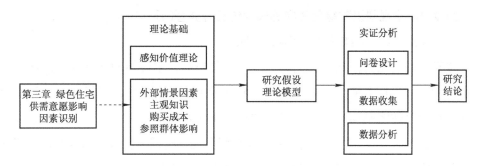

图 5.1　绿色住宅购买意愿影响机理实证研究思路

5.1.1　研究假设提出

1. 感知价值与绿色住宅购买意愿

　　消费者在进行商品购买决策中，除了考虑购买成本和收益，还会考虑到预期价值（经济价值、环境价值和社会价值）的心理感知。因此，消费者在实际购买绿色住宅之前，通过权衡感知利得，决定是否购买绿色住宅。决策者个体的行为意愿是产生实际行为最直接的影响因素。本书选择绿色住宅购买意愿作为本章实证研究的因变量，主要原因是在整理分析已有研究文献中，发现实际行为数据难以观测，行为意愿通常被用来替代对实际行为的测量。

　　绿色住宅产品作为一种房地产不动产，同时具备消费属性和投资属性。顾客感知价值是企业赢得顾客的关键，也是影响消费者购买意愿的最重要的因素之一。绿色住宅购买行为决策过程也是消费者感知价值的评估过程。消费者对绿色住宅感知价值越大，其购买意愿越强。基于以上分析，提出以下假设：

假设 H_1：感知价值对消费者绿色住宅购买意愿有显著的正向影响。

2．主观知识与感知价值

在绿色住宅的推广中，消费者对绿色住宅的态度和行为至关重要。绿色住宅的主观知识主要包含消费者对绿色住宅产品优势和评价标准的了解程度。Liu 等应用技术接受模型，对天津市居民购买绿色标签认证建筑购买意愿开展了实证研究，得出居民缺乏主观知识影响其对绿色标签认证住宅价值的认识。通过文献回顾，Darko 等得出缺乏主观知识是推行绿色建筑最大的障碍；Reddy 和 Painuly 分析参与可持续能源技术推广的利益相关者，发现缺乏对技术成本和效益的了解，显著地影响其对绿色住宅价值的评价。Zuo 提倡在一些教育机构和政府组织中采取有效的宣传和培训措施，可提高消费者对可持续发展的主观知识，进而提高感知价值水平。消费者对绿色住宅掌握的主观知识越多，感知价值越高。由此，提出以下假设：

假设 H_2：主观知识对绿色住宅感知价值具有显著的正向影响。

3．购买成本、感知价值和购买意愿

与普通住宅相比，绿色住宅购买成本往往较高，主要体现在规划、设计、施工和运营阶段采用节能、节地、节水、节材绿色技术所产生的增量成本。开发商通过提高绿色住宅平均售价的方式将增量成本转嫁给消费者。绿色住宅初始成本要比一般建筑高 5% ～ 10%，消费者在购买绿色住宅时需支付较多的成本，可能影响绿色住宅购买意愿。因此，对于绿色住宅消费者来说，购买绿色住宅将承担更高的售价，绿色住宅购买意愿可能降低，感知价值在其中作为中介变量。对于购买成本和感知价值的关系，国外学者 Grewal 等研究结果表明消费者的购买成本越大，感知价值越小。国内一些学者对此也进行了积极探索，王崇等在移动电子商务情景下，分析消费者网上购买商品发生的主要成本，包括风险成本、支付成本、评价成本等，均与消费者感知价值呈现出显著地负相关关系。对于购买成本和购买意愿的关系，邓娟红运用实证分析方法研究普通住宅消费者购买意愿的影响因素，得出购买成本对感知价值显著负向影响的结论。综上，提出以下假设：

假设 H_3：购买成本对消费者感知价值具有显著的负向影响；

假设 H_4：购买成本对消费者购买意愿具有显著的负向影响。

4．参照群体影响、感知价值和购买意愿

根据 Park 和 Lessig 对参照群体的定义，参照群体是指对个人具有重要影响的真实或想象中的个体或群体，是消费者行为社会性的突出体现。依据社会心理学和消费者行为学理论，参照群体影响包括价值表达性影响、信息性影响和功利性

影响。价值表达性影响是指个体通过消费活动，希望与参照群体建立联系，以表达和提升自我形象；信息性表达影响是指个体接纳他人提供的信息用于下一步的决策；功利性影响是指个体为了获得奖励或规避损失而选择与参照群体一致消费偏好的决定。宫秀双等基于全国范围内的 1000 多个居民的消费数据，采用多元回归法分析居民消费数据，得出参照群体的信息性影响和规范性影响均显著性影响居民的消费意愿。

通常，当个体对自己行为判断没有把握时，决策行为较容易受到参照群体的影响。参照群体影响是影响消费者购买决策的重要因素之一。这个观点已获得大多数学者的认同。Moschis 的研究也证实了消费者在购买产品或服务时倾向于参照群体的建议或模仿参照群体的购买决策。马世英等基于新生代农民工职业培训支付意愿开展了实证研究，也得出参照群体与新生代农民工培训支付意愿之间存在正向影响。陈家瑶等通过消费者感知价值这一中介变量，研究参照群体对购买意愿的影响作用。结果显示，当参照群体与消费者感知价值之间存在差异时，参照群体提供的积极建议可提高消费者的感知价值水平，进而购买意愿增强；与之相反，购买意愿降低。由此，提出以下假设：

假设 H_5：参照群体影响对感知价值具有显著的正向影响；

假设 H_6：参照群体影响对购买意愿具有显著的正向影响。

5.1.2　理论模型构建

对于绿色住宅购买意愿影响因素理论模型，本章引入了参照群体影响，在感知价值理论和绿色住宅供需意愿影响因素识别（详见第 2 章和第 3 章）基础上，结合绿色住宅的产品特性和消费者群体的异质性，构建了绿色住宅购买意愿影响因素理论模型，如图 5.2 所示。

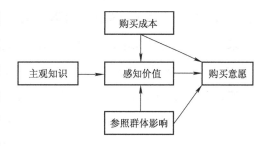

图 5.2　绿色住宅购买意愿影响因素理论模型

5.2　绿色住宅购买意愿问卷调查

5.2.1　调查问卷的设计

本章调查问卷的设计主要依据第 3 章识别的消费者绿色住宅购买意愿影响因素，并把绿色住宅作为一种耐用品，参考已有的耐用品测量指标，设置调查问卷题项，无参考量表的变量自行开发适合的题项。按照"初步确定调查问卷—专家访谈修订问卷—对问卷进行预调研"三个步骤，展开绿色住宅购买意愿影响因素的调查。通过了解消费者对绿色住宅的主观知识、感知价值和参照群体影响来评价其购买绿色住宅的意愿。问卷主要针对近3年内具有购买新建商品房需求的消费者，要求他们对绿色住宅的了解程度、参照群体影响以及绿色住宅购买意愿影响因素等题项做出回答。

1. 初步确定调查问卷

通过研读大量的国内外有关绿色住宅购买意愿的文献，借鉴了成熟的测量量表，如感知价值量表参考Sweeney和刘亚菲对于房地产行业中普通住宅产品的测量量表。笔者在设计测量题项时，全面考虑绿色住宅产品特性，确保获得有效调研数据。

2. 专家访谈修订问卷

笔者完成初始调查问卷之后，咨询绿色建筑研究领域教授和山东省绿色建筑协同创新中心专家的意见与建议，对部分表达不清晰或有歧义的语句进行了修正。汇总专家访谈的建议之后，笔者对问卷选项进一步修改完善，确保调查问卷语言措辞得当和语义清晰。

3. 问卷预调研

在正式调研之前，为了提高问卷质量，尽可能减少内容歧义、概念不清晰和过于学术化的语言。因此，开展预调研是必不可少的一个环节。在研究团队成员的亲戚、朋友和同事小范围内开展预调研，收集有效问卷50份，细致分析预调研结果，并增加对相关术语的解释，如"绿色住宅的界定""绿色住宅的评价标准"，删除内容效度较低的题项，如"消费者家庭拥有财产的数额"，经调整后形成了最终的调查问卷。绿色住宅购买意愿测量表如表5.1所示。

调查问卷主要内容包括三个部分：第一部分是调查对象社会人口学特征的调查，主要了解消费者性别、年龄、职业、文化结构、收入状况等基本信息；第二部分是绿色住宅购买意愿影响因素的调查，了解消费者对绿色住宅主观知识、感知价值、购买成本、参照群体影响等。调查问卷题项均采用李克特5级量表计分，1分表示"完全不同意"，5分表示"完全同意"；第三部分是了解受访者对问卷的认知程度。

5.2.2 问卷发放及回收

问卷发放过程的合理性直接关系到实证研究结果。为了便于获得调查数据，并考虑到调研费用的支出，调查对象主要来自山东省内的消费者，部分来自河南省和江苏省的消费者。根据绿色建筑地图（http://www.gbmap.org/）2017 年末的数据，全国绿色建筑省级排名中，山东省位列第 4，总共授予了 214 个绿色建筑标识项目和 18 个 LEED 认证项目。由此可见，山东省绿色建筑的发展在全国位居前列，选择其作为调研地区具有良好的适应性。

绿色住宅购买意愿测量表　　　　　　　　　　　　　　　　　　　　　　　　　表 5.1

测量变量	观测题项	参考文献
主观知识	1. 我了解绿色住宅评价标准； 2. 我了解推行绿色住宅的原因； 3. 我了解绿色住宅优于传统住宅的特性	Liu 等[214]，zhang 等[17]
参照群体	4. 购买绿色住宅时，我会听从周围人的意见； 5. 购买绿色住宅时，我会听从亲朋好友的意见； 6. 购买绿色住宅时，我会选择购买人数比较多的住宅	Park 和 Lessig[219]， 陈家瑶等[223]
感知价值	7. 我觉得绿色住宅具有较好的保值增值能力； 8. 我觉得绿色住宅可改善居住环境； 9. 我觉得绿色住宅可减少能源消耗； 10. 我觉得绿色住宅可提升我的社会地位	weeney[224]，刘亚菲[225]， 章敏[226]
购买成本	11. 我认为绿色住宅购买价格不在承受范围内； 12. 我认为绿色住宅购买价格不合理； 13. 我认为绿色住宅购买价格可接受	Liu 等[214]，Portnov 等[212]
购买意愿	14. 我愿意购买绿色住宅； 15. 我会考虑购买绿色住宅； 16. 我会推荐他人购买绿色住宅	Dodds 等[227]

问卷调研采用网络问卷和纸质问卷相结合的方式开展，问卷调查开展的时间在 2017 年 4 ~ 6 月，持续 3 个月。首先在"问卷星"网站上设计网络问卷，以山东省潜在住房消费者为调查对象，通过腾讯 QQ、微信等通信服务平台分享链接，并邀请 QQ 群和微信朋友圈好友答题，并不断转发问卷链接。通过网络平台答题具有方便、快捷、调查成本低和易于汇总整理数据等优点，但被调查对象相对集中年轻人群。其次，为了弥补网络调查问卷的不足，有针对性地实地发放纸质问卷，使调查对象人口统计特征分布均匀。组织 5 名研究生和 10 名本科生选择济南市历下区、市中区、槐荫区、天桥区和历城区等代表性楼盘售楼处，实地走访有购房意向的中老年群体并向其发放纸质调查问卷。发放纸质问卷 200 份，回收 156 份。剔除无效的问卷，最终回收有效纸质版 130 份，回收有效网络问卷 341 份，共计 471 份，利用 SPSS23.0 软件检验异常问卷之后，最终获得有效问卷 423 份，调查问卷有效率为 89.81%。根据已有研究对样本数量的讨论，样本

选取的数量一般为 200～500 个，应为问卷题项数目的 10～15 倍。本调查问卷包括 16 个题项，样本数量在 160～240 个是适合的，符合实证研究方法对样本量的要求。

5.2.3 数据整理与分析

调查对象社会人口学特征数据如表 5.2 所示。从表 5.2 的数据可以看出，调查对象中，男性占 43.3%，女性占 56.7%；年龄上以 30～39 岁对象居多，占 36.4%；婚姻状况中，未婚占 47.4%，已婚占 52.3%；育有子女的数量以 1 个居多，占 48.6%；职业以各类专业技术工作者和企事业单位一般职工为主，占 48%；文化结构以专科和本科教育水平的对象为主，共占 55.4%。整体上看，调查对象社会人口特征分布均匀，覆盖面合理，可保证问卷调查质量。调查对象中有 124 人愿意在 3 年内购买绿色住宅，占比 29.31%，只有不足 3 成的消费者愿意购买绿色住宅。

调查对象社会人口学特征　　　　　　　　　　　　　　　　　　　　　　　　　表 5.2

项目		比率 /%		项目	比率 /%
性别	男	43.3%	职业	各类专业技术工作者	22.7%
	女	56.7%		国家机关及企事业单位领导	16.7%
年龄	29 岁以下	24.8%		企事业单位一般职工	25.3%
	30～39 岁	36.4%		个体经营者	18.4%
	40～49 岁	20.5%		无业	11.8%
	50 岁以上	18.3%		其他	5.1%
子女	无子女	25.4%	文化结构	小学及以下	3.4%
	1 个	48.6%		初中	9.2%
	2 个	18.4%		高中	17.6%
	2 个以上	7.6%		专科	33.8%
家庭收入	0.5 万元 / 月以下	11.2%		本科	21.6%
	0.5 万～1 万元 / 月（不包括 1 万）	28.6%		硕士及以上	14.1%
	1 万～1.5 万元 / 月	42.8%	婚姻	未婚	47.4%
	20 万元 / 月以上	17.4%		已婚	52.3%

5.3 购买意愿影响路径实证分析

本书在提出研究假设并构建完成初始模型之后，依据收集的有效调查样本数据，下一步需完成测量模型的检验、假设检验和影响效应分析等工作，实证分析绿色住宅购买意愿的影响路径。

5.3.1　测量模型的检验

1．数据信度与效度检验

专著以 423 份有效问卷为基础，用 SPSS23.0 软件对 16 个观测变量进行信度检验，所获得的信度检验指标 Cronbach's α 值为 0.847。此外，主观知识、参照群体、感知价值、购买成本 4 个潜在变量的分组信度检验指标 Cronbach's α 值分别为0.812、0.909、0.868 和 0.758，均超过了 0.7 的高信度值，如表 5.3 所示。购买意愿具有 3 个观测变量，分组信度检验指标 Cronbach's α 值的信度值为 0.812。因此，样本数据均具有比较理想的信度。

进一步运用其降维中的因子分析法进行效度检验，得到量表总体的 KMO 值为0.789，接近 0.8；5 个研究变量的 KMO 值样本测度值均大于 0.6。问卷数据通过了Bartlett 球度检验（P<0.000），问卷题项可靠性较好，满足实证研究效度检验要求。信度和效度检验结果如表 5.3 所示。

信度和效度检验　　　　　　　　　　　　　　　　　　　　　　　　　　　表 5.3

项目	Cronbach's α	KMO 值
总体	0.847	0.789
主观知识 SK	0.812	0.711
参照群体 RG	0.909	0.756
感知价值 PV	0.868	0.819
购买成本 PC	0.758	0.677
购买意愿 PI	0.812	0.662

2．拟合度检验

结构方程模型的整体拟合度通常采用 χ^2/df、P 值、RMSEA、RMR、GFI、AGFI、RFI、NFI、CFI 等指标来衡量。根据 AMOS22.0 软件运行结果，对模型进行首次拟合分析，在 Model Fit 中显示拟合指标均符合要求，不需对模型进行修正。整体模型适配度检验摘要表如表 5.4 所示，结构方程模型具有良好的适配度，适合进行实证分析。

体模型适配度检验摘要表　　　　　　　　　　　　　　　　　　　　　　　表 5.4

统计检验量	适配标准	检验结果	模型适配判断
χ^2/df	< 3.00	1.358	拟合较好

续表

统计检验量	适配标准	检验结果	模型适配判断
P	≤ 0.05	0.012	拟合较好
RMSEA	< 0.10	0.048	拟合良好
RMR	< 0.05	0.043	拟合良好
GFI	> 0.80	0.911	拟合良好
AGFI	> 0.80	0.873	拟合良好

5.3.2　假设检验

依据 AMOS22.0 软件运行结果，显示结构方程模型参数估计值和假设检验结果，如表 5.5 所示，以及绿色住宅购买意愿影响因素路径系数图如图 5.3 所示。笔者对假设 H_1、H_2、H_3、H_4、H_5 和 H_6 分别进行假设检验分析。

结构模型的拟合结果和假设检验　　　　　　　　　　　表 5.5

假设	标准化因子负荷量	因子负荷量	C.R.	P	结论
H_1：感知价值 _PV→购买意愿 _PI	0.546	0.142	4.126	***	成立
H_2：主观知识 _PR→感知价值 _PV	0.219	0.087	-0.976	0.012	成立
H_3：购买成本 _PC→感知价值 _PV	0.378	0.111	3.400	***	成立
H_4：购买成本 _PC→购买意愿 _PI	-0.075	.142	-0.937	0.600	不成立
H_5：参照群体 _RG→感知价值 _PV	0.172	0.062	7.243	0.005	成立
H_6：参照群体 _RG→购买意愿 _PI	0.225	0.085	7.243	0.008	成立

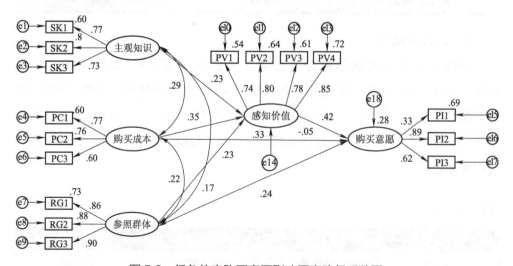

图 5.3　绿色住宅购买意愿影响因素路径系数图

P 值小于 0.05，说明两者间有显著联系，路径系数为正，说明两者正相关，反之负相关。路径"购买成本"到"购买意愿"假设不通过。感知价值对购买意愿具有正向影响，主观知识对感知价值具有正向影响，购买成本对感知价值具有正向影响；参照群体影响对感知价值具有正向影响；参照群体对购买意愿具有正向影响。假设 H_1、H_2、H_3、H_5 和 H_6 通过假设检验，而假设 H_4 未通过假设检验。

5.3.3 影响效应分析

采用结构方程模型实证研究绿色住宅购买意愿影响机理，确定感知价值、主观知识、购买成本和参照群体对绿色住宅购买意愿的作用路径，为第 6 章绿色住宅供需行为演化研究提供依据。根据 AMOS22.0 运行结果，模型的各项拟合指标均满足要求，不需要对模型进一步修正。总效应值包括一个潜变量对另一个潜变量的直接效应，也包括此潜变量通过其他潜变量对另一潜变量产生的间接效应。感知价值、主观知识、购买成本和参照群体对购买意愿的总影响值，如表 5.6 所示。

各个研究变量之间的影响效应 表 5.6

影响路径	直接效应	间接效应	总效应
感知价值→购买意愿	0.42	0	0.42
主观知识→感知价值	0.23	——	——
主观知识→购买意愿	0	0.42×0.23=0.0966	0.0966
购买成本→感知价值	0.35	——	——
购买成本→购买意愿	−0.05	0.42×0.35=0.147	0.097
参照群体→感知价值	0.23	——	——
参照群体→购买意愿	0.24	0.42×0.23=0.0966	0.3366

根据结构方程模型路径系数，可以得出：

1）感知价值对购买意愿的直接影响效应值为 0.42，间接影响效应值为 0。因此，感知价值对购买意愿的总影响效应值是 0.42。

2）主观知识对购买意愿的直接影响效应值为 0，主观知识对通过感知价值这一中介变量对绿色住宅购买意愿的间接影响效应值为 0.42×0.23=0.0966。因此，主观知识对购买意愿的总影响效应值是 0.0966。

3）购买成本对购买意愿的直接影响效应值为 −0.05，购买成本通过感知价值这一中介变量对绿色住宅购买意愿的间接影响效应值为 0.42×0.35=0.147。因此，购买成本对购买意愿的总影响效应值是（−0.05）+0.147=0.097

4）参照群体对购买意愿的直接影响效应值为 0.24，参照群体通过感知价值这一中介变量对绿色住宅购买意愿的间接影响效应值为 0.23 × 0.42=0.0966。因此，购买成本对购买意愿的总影响效应值是 0.24+0.0966=0.3366。

综上分析，可以得出影响绿色住宅购买意愿的 4 个潜变量中，影响最大的是感知价值，总影响值为 0.42，这表明感知价值在消费者绿色住宅购买意愿中发挥着至关重要的作用。因为住宅作为一项大宗消费商品，感知价值对消费者购买决策影响更为直观。随着我国国民经济的发展，居民收入水平不断提高，住房消费已逐步从"有房住"向"住好房"的方向转化，更多地关注居住环境和品质。如果消费者掌握了绿色住宅潜在的经济效益、环境效益和社会效益的信息，那么他们对绿色住宅的感知价值增强，进而也更愿意购买绿色住宅。类似的研究也得到相似的结论，Hu 等研究南京市居民对绿色公寓支付意愿，结果表明收入水平较高的消费者为提高居住舒适度，感知环境价值提高，更愿意购买绿色公寓；而消费者对健康问题的重视，感知社会价值增加，也促使其愿意购买绿色住宅。

参照群体影响位居第二，总影响值为 0.3366，这说明参照群体影响对消费者绿色购买意愿也具有较大的影响。尽管参照群体影响研究起源于西方发达国家，但是在中国受传统文化影响深远的国家里，具有更为适宜的土壤。与西方国家注重个体自我的文化相比，中国文化是集体主义文化的代表。中国消费者注重自我与他人之间的关系，更容易受到他人的影响。陈凯和彭茜研究消费选择行为模式，得出参照群体行为对个体消费行为具有显著性影响。消费者个体通过模仿参照群体行为降低认知努力程度，并通过"随大流"的跟随行为达到与社会融合的目的。因此，消费者在绿色住宅购买决策中通过参照亲戚、朋友和同事等对其重要的人的意见，并且参照群体对绿色住宅产品的购买行为和使用反馈等，都将影响消费者绿色住宅购买意愿。

主观知识位居第三，主观知识通过感知价值这个中介变量，影响绿色住宅购买意愿。这也符合实际的绿色住宅市场行为。住房或汽车作为大宗消费类商品，消费者一生可能购买一套或两套住房，购买决策之前一般会收集大量的信息，购买行为也相对比较谨慎。依据科特勒模型，消费者购买产品的决策过程经历了"问题认识—信息收集—评估决策—购买决策"四个阶段，获得主观知识有助于评价感知价值，进而提高绿色住宅购买意愿。研究结果与其他学者类似，如 Zhang 等基于计划行为理论研究消费者中年轻群体对于绿色住宅的购买意愿，得到主观知识通过行为态度这个中介变量对购买意愿具有间接影响的结论。Darko 等采用文献分析方法对全球绿色建筑的推行障碍进行了系统性回顾，识别出主观知识是一个重要的障碍因素。本书通过实证研究，验证了发展中国家绿色住宅消费者主观知识对购买意愿影响同样较为显著。

影响最小的因素为购买成本。这个研究结论与国内外一些学者 Zhang 等、Grosskopf 等以及 Worzala 和 Bond 的研究得出不一致的结论。他们认为绿色住宅购买成本显著地影响消费者绿色住宅购买意愿。笔者经过仔细思考，推断原因如下：第一，样本数量的问题，由于调查对象多集中于山东省内的消费者，并且调查对象家庭年收入水平在 10 万元以上占比 60.2%，此调查人群为中产阶级以上的消费者，具有住房更新换代的"改善性"住房需求；另外，加上国家实施的"全面二孩"政策的叠加效应。消费者为了追求高品质的居住条件，热衷于购买改善性住房，而对绿色住宅的增量售价不敏感。因此，在样本分布可能产生购买成本不影响绿色住宅购买意愿的结论；第二，调查问卷发放的时间是 2017 年 4 ~ 6 月，此时中国房地产市场尤为火热，尤其是经济较为活跃、人口集聚力强的中东部城市。根据 2017 年 70 个大中城市中房价同比涨幅居前的城市中无锡、郑州、济南、合肥等 10 个城市，房价涨幅超过 15%。消费者对住房价格上涨的预期，产生了恐慌性购房需求，可能不考虑绿色住宅购买成本的影响。

5.4　本章小结

本章以感知价值理论为依据，在借鉴第 3 章识别的消费者维度关键影响因素的基础上，包括主观知识和购买成本，并引入"参照群体影响"构建了绿色住宅购买意愿影响因素理论模型。本书通过量表开发、描述性统计分析、信度和效度检验、拟合度检验以及理论模型假设检验，揭示绿色住宅购买意愿影响机理和作用路径。主要结论为：消费者对绿色住宅的感知价值、主观知识和参照群体影响对购买意愿具有显著性正向影响。从路径系数看，感知价值对购买意愿的影响最大，提高感知价值是提升绿色住宅购买意愿的重要途径。

另外，将第 3 章绿色住宅开发意愿影响机理研究和本章绿色住宅购买意愿影响机理研究的研究结果进行对比分析，更深入地认识到绿色住宅供需意愿影响因素之间关系和相互作用，为第 6 章讨论绿色住宅供需行为演化路径的研究奠定了可靠的研究基础。

第6章

绿色住宅供需行为
演化路径研究

意愿是行为产生的可能性，也是产生行为的前提和准备。当个体具备条件，而且环境并没有什么障碍时，意愿对行为发挥着显著性的作用。因此，国内外学者将行为意愿作为行为产生的一个重要的预测指标。本章结合利益相关者理论，在政府干预行为下，分析绿色住宅开发商和消费者在绿色住宅市场中的角色定位和利益诉求；应用演化博弈理论分析政府、开发商和消费者三方动态博弈过程；借助系统动力学理论，构建了系统动力学仿真模型，模拟绿色住宅供需行为演化过程，分析最终的稳定均衡状态，形象地刻画绿色住宅供需行为演化路径。

6.1 绿色住宅利益相关者

6.1.1 政府

政府在绿色住宅规模推广过程中发挥着重要的作用。在宏观层面上，政府为了节约能源消耗、减少污染、提高居民居住环境，实现社会效益最大化，积极引导开发商开发绿色住宅，激励消费者购买绿色住宅。由于绿色住宅的外部性特征，市场很难依靠自身力量推动绿色住宅的规模化发展。开发商在开发绿色住宅的过程中投入增量费用，但不能在使用阶段获得经济效益和环境效益。消费者对绿色住宅效用缺乏全面了解，且在不成熟的绿色住宅市场上，可能存在"泛绿"现象，即部分开发商"以次充好"，提供的住宅产品不能达到绿色住宅的性能标准，极大地挫败了消费者对绿色住宅的信心。因此，政府作为绿色住宅市场上"有形之手"，为开发商制定合理的激励政策，刺激开发绿色住宅，也需为消费者普及绿色住宅知识，提高绿色认知，激发消费者购买热情。因此，政府在绿色住宅规模化推进过程中发挥着积极的引导作用。

6.1.2 开发商

开发商是绿色住宅产品的提供者。绿色住宅规模化推广程度在很大程度上取决于开发商的开发意愿。开发商在绿色住宅的开发决策中，特别关注于拟开发项目的经济效益，即项目可否为企业带来丰厚的利润。一些大型开发商，如万科、朗诗等国内绿色住宅开发实践的引领者，已将绿色建筑发展列入企业战略发展规划。开发绿色住宅体现了开发商对可持续发展的社会责任感，树立了良好的企业形象。但是与传统住宅相比，绿色住宅在前期规划、设计、施工等阶段产生的增量成本；消费者缺乏绿色认知，不一定愿意为额外的费用买单，开发商很可能面临较大的风险，造成在绿色住宅开发初期开发商获取较低的投资收益率。只有开发商供应更多的绿色住宅，才能便于消费者比较和选择。因此，开发商是绿色住宅规模化推广的积极实践者，在绿色住宅推广中发挥着重要的引领作用。

6.1.3　消费者

消费者是绿色住宅主要需求者和最终受益者。消费者在绿色住宅规模化推广中也发挥着重要的作用。Qian 等的研究发现市场需求显著影响开发商绿色住宅开发决策。当消费者愿意购买绿色住宅时，开发商才愿意开发绿色住宅。对于消费者来说，购房费用是其购买绿色住宅首要考虑的因素。尤其是对于大多数中低收入家庭，一生中可能仅购买一套或两套住房，购房费用是一笔较大的开支。因此，在绿色住宅的全寿命周期内，消费者较多地关注于购买时的费用，而忽视使用阶段较低的能源费用支出和良好的居住舒适度。通常，消费者追求在一定预算约束下效用的最大化，而效用水平在很大程度上取决于消费者的主观认知。环保主义消费者，具有较高的社会责任感，评价绿色住宅的效用高于传统住宅。但是现阶段大多数消费者绿色、可持续发展意识淡薄，绿色住宅良好的环境效益和社会效益不能提高消费者的心理效用。消费者最终以自身的效用最大化为依据，综合权衡绿色住宅的价格、区位、居住舒适度等因素，决定是否购买绿色住宅。因此，消费者是绿色住宅规模化推广的最终受益者，其在绿色住宅规模化推广中发挥着重要的拉动作用。

6.2　演化博弈模型构建

6.2.1　适用性分析

本书研究对象符合有限理性假设，在信息不完全的绿色住宅市场上，政府、开发商和消费者在行为博弈中存在短视行为，其策略选择是一个不断调整的动态过程。第4章和第5章的研究结论表明，知觉行为控制和参照群体影响分别对绿色住宅开发、购买意愿具有显著影响，即开发商和消费者的行为选择易受到外界环境影响，存在行为学上的学习模仿效应，符合演化博弈的理论假设——均衡是学习和动态调整的结果。因此，运用演化博弈模型来研究政府、开发商和消费者三方主体动态均衡与演化路径，具有较强的针对性和适应性。

6.2.2　模型基本假设

通过前文对绿色住宅相关利益主体行为的分析，现提出以下基本假设：

1．博弈主体

由于绿色住宅市场的复杂性和不确定性，政府、开发商和消费者三方主体行为是有限理性的。从绿色住宅的效益角度分析，政府可以增加环境效益和社会效益；开发商可获得一定的增量销售收入、节地节材效益以及提高品牌知名度；消费者可在绿色住宅使用阶段，获得一定的经济效益、环境效益和社会效益。

局中人（players）：绿色住宅项目政府—开发商—消费者三方演化博弈模型中，有三个有限理性的局中人：政府或选择对开发商和消费者激励，或选择不激励；开发商或选择开发绿色住宅项目或传统住宅项目；消费者或选择绿色住宅项目或传统住宅项目。

行动（action）：假设消费者对于一个住宅项目是否为绿色住宅产品时可以选择的行动集合为 A_1={ 购买绿色住宅，不购买绿色住宅 }；开发商对于一个住宅项目是否考虑绿色住宅项目时可以选择的行动集合为 A_2={ 开发绿色住宅，不开发绿色住宅 }；政府对于绿色住宅产品的开发商和消费者可以选择的行动集合为 A_3={ 激励，不激励 }。

支付（payoff）：假定个体消费者在多个住宅项目之间进行选择，即是否购买绿色住宅产品；多个开发商进行多个项目开发定位决策，即是否开发绿色住宅产品；政府针对开发商开发绿色住宅项目，消费者购买绿色住宅产品，选择是否提供经济激励。因此，演化博弈模型可视为多个消费者、多个开发商与政府之间的三方博弈问题。三方主体的博弈特征满足演化博弈的基本假设，局中人根据其他成员的策略选择，考虑自身的适应度来调整自己的策略。

2．策略选择

政府可以选择激励或者不激励两种行为策略，分别用 G_1、G_2 表示；开发企业可以选择绿色住宅或者普通住宅两种行为策略，分别用 D_1、D_2 表示；消费者可以选择购买或者不购买两种行为策略，分别用 C_1、C_2 表示。

3．策略比例

在博弈的初始阶段，假设政府选择激励、开发商选择开发和消费者选择购买绿色住宅的概率分别是 α、β、γ，那么选择不激励、普通住宅和不购买策略的概率分别是 $1-\alpha$、$1-\beta$、$1-\gamma$。

4．博弈主体相关参数假设

R——开发商开发普通住宅的收益；

C——开发商开发普通住宅的成本；

U——消费者购买普通住宅获得的效用；

F——政府采取激励策略时，对开发普通住宅的开发商的惩罚；

J_1——政府采取激励策略时，对开发绿色住宅的开发商的激励；

J_2——政府采取激励策略时，对购买绿色住宅的消费者的激励；

D——政府采取激励策略时，上级部门给予的奖励和公信力提升等收益；

K——政府采取激励策略时，支付的政策性成本；

E_3——开发商开发绿色住宅时，政府获得的环境效益和社会效益；

E_2——开发商开发绿色住宅时，消费者获得的环境效益和社会效益；

ΔM——开发商开发绿色住宅获得的增量经济效益，如节地、节材效益和增量品牌价值，如品牌认可度提高、社会荣誉的增加；

ΔN——开发商开发绿色住宅时，获得的增量销售收入；也是消费者购买绿色住宅时，支付的增量购买费用；

ΔC——开发商开发绿色住宅支付的增量成本；

ΔP——消费者购买绿色住宅获得的增量效用，如运营阶段节水、节电等的经济效益和健康、安全的居住效益；

ΔS——消费者购买绿色住宅支付的交易成本；

ΔT——开发商开发绿色住宅支付的交易成本。

6.2.3 演化博弈模型构建

6.2.3.1 三方演化博弈模型

基于政府、开发商和消费者的选择策略，各博弈主体的收益策略组合共有8种，分别为：（激励、绿色、购买）、（激励、绿色、不购买）、（激励、普通、购买）、（激励、普通、不购买）、（不激励、绿色、购买）、（不激励、绿色、不购买）、（不激励、普通、购买）、（不激励、普通、不购买），从而建立起政府、开发商、消费者三方博弈树模型，见图6.1。

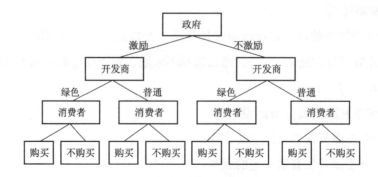

图6.1　政府—开发企业—消费者三方博弈树模型图

6.2.3.2　各博弈主体的收益矩阵

对博弈主体的相关参数进行假设，得出三方的收益矩阵，详见表 6.1。

1. 政府的期望收益

1）采取"激励"策略的期望收益为：

$$E_{G1}=\beta\gamma(-J_1-J_2-K+D+E_3)+\beta(1-\gamma)(-J_1-K+D+E_3)+(1-\beta)\gamma(-K+D+F)$$
$$+(1-\beta)(1-\gamma)(-K+D+F)=-\beta\gamma J_2+\beta(-J_1+E_3-F)+(-K+D+F) \quad (6-1)$$

2）采取"不激励"策略的期望收益为：

$$E_{G2}=\beta\gamma E_3+\beta(1-\gamma)E_3+(1-\beta)\gamma\times0+(1-\beta)(1-\gamma)\times0=\beta E_3 \quad (6-2)$$

3）平均期望收益为：

$$\bar{E}_G=\alpha E_{G1}+(1-\alpha)E_{G2} \quad (6-3)$$

政府、开发商、消费者不同策略组合下的收益矩阵　　　　　　　　　　　　　　　　　　表 6.1

策略组合	政府	开发商	消费者
（激励，绿色，购买）	$-J_1-J_2-K+D+E_3$	$R-C+\Delta M+\Delta N-\Delta C-\Delta T+J_1$	$U+\Delta P-\Delta N-\Delta S+J_2+E_2$
（激励，绿色，不购买）	$-J_1-K+D+E_3$	$-C+\Delta M-\Delta C-\Delta T+J_1$	E_2
（激励，普通，购买）	$-K+D+F$	$R-C-F$	U
（激励，普通，不购买）	$-K+D+F$	$-C-F$	0
（不激励，绿色，购买）	E_3	$R-C+\Delta M+\Delta N-\Delta C$	$U+\Delta P-\Delta N-\Delta S+E_2$
（不激励，绿色，不购买）	E_3	$-C+\Delta M-\Delta C$	E_2
（不激励，普通，购买）	0	$R-C$	U
（不激励，普通，不购买）	0	$-C$	0

2. 开发商的期望收益

1）采取"绿色住宅"策略的期望收益为：

$$E_{D1}=\alpha\gamma(R-C+\Delta M+\Delta N-\Delta C-\Delta T+J_1)+\alpha(1-\gamma)(-C+\Delta M-\Delta C-\Delta T+J_1)$$
$$+(1-\alpha)\gamma(R-C+\Delta M+\Delta N-\Delta C)+(1-\alpha)(1-\gamma)(-C+\Delta M-\Delta C)$$
$$=\gamma(R+\Delta T)-\alpha(\Delta T-J_1)+(-C+\Delta M-\Delta C) \quad (6-4)$$

2）采取"普通住宅"策略的期望收益为：

$$E_{D2}=\alpha\gamma(R-C-F)+\alpha(1-\gamma)(-C-F)+(1-\alpha)\gamma(R-C)+(1-\alpha)(1-\gamma)(-C)$$
$$=\alpha(-F)+\gamma R-C \quad (6-5)$$

3）平均期望收益为：

$$\bar{E}_D=\beta E_{D1}+(1-\beta)E_{D2} \quad (6-6)$$

3．消费者的期望收益

1）采取"购买"策略的期望收益为：

$$E_{C1}=\alpha\beta（U+\Delta P-\Delta N-\Delta S+J_2+E_2）+\alpha（1-\beta）U+（1-\alpha）$$
$$\beta（U+\Delta P-\Delta N-\Delta S+E_2）+（1-\alpha）（1-\beta）U$$

$$=\alpha\beta J_2+\beta（\Delta P-\Delta N-\Delta S+E2）+U \qquad (6-7)$$

2）采取"不购买"策略的期望收益为

$$E_{C2}=\alpha\beta E_2+\alpha（1-\beta）\times0+（1-\alpha）\beta E_2+（1-\alpha）（1-\beta）\times0=\beta E_2 \qquad (6-8)$$

3）平均收益为：

$$\bar{E}_C=\gamma E_{C1}+（1-\gamma）E_{C2} \qquad (6-9)$$

6.2.4 三方复制动态方程构建

政府、开发商、消费者的复制动态方程如下所示：

1．政府的复制动态方程

$$F(\alpha)=\frac{d\alpha}{dt}=\alpha(E_{G1}-\bar{E}_G)=\alpha(1-\alpha)(E_{G1}-E_{G2})$$

$$=\alpha(1-\alpha)[-\beta\gamma J_2+\beta(-J_1-F)+(-K+D+F)] \qquad (6-10)$$

2．开发商的复制动态方程

$$F(\beta)=\frac{d\beta}{dt}=\beta(E_{D1}-\bar{E}_D)=\beta(1-\beta)(E_{D1}-E_{D2})$$

$$=\beta(1-\beta)[\gamma\Delta N+\alpha(J_1-\Delta T+F)+\Delta M-\Delta C] \qquad (6-11)$$

3．消费者的复制动态方程

$$F(\gamma)=\frac{d\gamma}{dt}=\alpha(E_{C1}-\bar{E}_C)=\gamma(1-\gamma)(E_{C1}-E_{C2})$$

$$=\gamma(1-\gamma)[\alpha\beta J_2+\beta(\Delta P-\Delta N-\Delta S)+U] \qquad (6-12)$$

6.2.5 三方复制动态方程分析

1．政府的复制动态方程分析

由式（6-10）进行相关分析：令 $\varrho=\dfrac{F+D-K}{F+J_1+\gamma J_2}$

1）若 $\beta=\varrho$，即 $\beta=\dfrac{F+D-K}{F+J_1+\gamma J_2}$ 时，$F(\alpha)\equiv0$，意味着所有 α 水平都是稳定状态。

2）若 $\beta\neq\varrho$，即 $\beta\neq\dfrac{F+D-K}{F+J_1+\gamma J_2}$ 时，令 $F(\alpha)=0$，解得 $\alpha=0$，$\alpha=1$ 是 α 的两个稳定点。

ESS 要求 $F(\alpha)$ 在稳定点处的导数为负，对 $F(\alpha)$ 求导，即：

$$F'(\alpha)=(1-2\alpha)[-\beta\gamma J_2+\beta(-J_1-F)+(-K+D+F)]$$

由于 $F+J_1+\gamma J_2>0$，此时若 $F+D-K<0$，则 $\varrho<0$，恒有 $\beta>\varrho$，故 $\alpha=0$ 是稳定点；反之，

若 $F+D-K>F+J_1+\gamma J_2$，则 $\varrho>1$，恒有 $\beta<\varrho$，故 $\alpha=1$ 是稳定点。

若 $0<\varrho<1$ 时，则分为以下两种情况：

当 $\beta>\varrho$ 时，$F'(\alpha)|_{\alpha=0}<0$，$F'(\alpha)|_{\alpha=1}>0$，因而平衡点为 $\alpha=0$；

当 $\beta>\varrho$ 时，$F'(\alpha)|_{\alpha=1}<0$，$F'(\alpha)|_{\alpha=0}>0$，因而平衡点为 $\alpha=1$。

2．开发商的复制动态分析

由于式（6-11）进行相关分析：令 $\mu=\dfrac{\Delta C-\Delta M-\gamma \Delta N}{J_1-\Delta T+F}$

1）若 $\alpha=\mu$，即 $\alpha=\dfrac{\Delta C-\Delta M-\gamma \Delta N}{J_1-\Delta T+F}$ 时，$F(\beta)\equiv0$，即所有 β 水平都是稳定状态。

2）若 $\alpha\neq\mu$，即 $\alpha\neq\dfrac{\Delta C-\Delta M-\gamma \Delta N}{J_1-\Delta T+F}$ 时，$F(\beta)=0$，解得 $\beta=0$，$\beta=1$ 是 β 的两个稳定点。

ESS 要求 $F(\beta)$ 在稳定点处的导数为负，对 $F(\beta)$ 求导，即：

$$F'(\beta)=(1-2\beta)[\gamma\Delta N+\alpha(J_1+F-\Delta T)+\Delta M-\Delta C]$$

由于 $J_1+F-\Delta T>0$，此时若 $\Delta C-\Delta M-\gamma\Delta N<0$，则 $\mu<0$，恒有 $\alpha>\mu$，故 $\beta=1$ 是稳定点；反之，若 $\Delta C-\Delta M-\gamma\Delta N>J_1+F-\Delta T$，则 $\mu>1$，恒有 $\alpha<\mu$，故 $\beta=0$ 是稳定点。

若 $0<\mu<1$ 时，则分为以下两种情况：

当 $\alpha>\mu$ 时，$F'(\beta)|_{\beta=0}>0$，$F'(\beta)|_{\beta=1}<0$，因而平衡点为 $\beta=1$；

当 $\alpha<\mu$ 时，$F'(\beta)|_{\beta=1}>0$，$F'(\beta)|_{\beta=0}<0$，因而平衡点为 $\beta=0$。

3．消费者的复制动态方程分析

由式（6-12）进行相关分析：令 $\eta=\dfrac{U}{\Delta N+\Delta S-\Delta P-\alpha J_2}$

1）若 $\beta=\eta$，即 $\beta=\dfrac{U}{\Delta N+\Delta S-\Delta P-\alpha J_2}$ 时，$F(\gamma)\equiv0$，即所有 γ 水平都是稳定状态。

2）若 $\beta\neq\eta$，即 $\beta\neq\dfrac{U}{\Delta N+\Delta S-\Delta P-\alpha J_2}$ 时，$F(\gamma)=0$，解得 $\gamma=0$，$\gamma=1$ 是 γ 的两个稳定点。

ESS 要求 $F(\gamma)$ 在稳定点处的导数为负，对 $F(\gamma)$ 求导，即：

$$F'(\gamma)=(1-2\gamma)[\alpha\beta J_2+\beta(\Delta P-\Delta N-\Delta S)+U]$$

由于 $U>0$，此时若 $\Delta N+\Delta S-\Delta P-\alpha J_2<0$，则 $\eta<0$，恒有 $\beta>\eta$，$F'(\gamma)|_{\gamma=0}<0$，故 $\gamma=0$ 是稳定点；另外，若 $U>\Delta N+\Delta S-\Delta P-\alpha J_2$ 则 $\eta>1$，恒有 $\beta<\eta$，$F'(\gamma)|_{\gamma=1}<0$，故 $\gamma=1$ 是稳定点。

若 $0<\eta<1$ 时，则分为以下两种情况：

当 $\beta>\eta$ 时，$F'(\gamma)|_{\gamma=0}<0$，$F'(\gamma)|_{\gamma=1}>0$，因而平衡点为 $\gamma=0$；

当 $\beta<\eta$ 时，$F'(\gamma)|_{\gamma=1}<0$，$F'(\gamma)|_{\gamma=0}>0$，因而平衡点为 $\gamma=1$。

6.2.6　演化博弈稳定性分析

通过分析各博弈方的复制动态方程可以得出博弈方演化的均衡点，基于以上稳定均衡点进一步分析系统均衡状态，找出均衡点。为寻求演化博弈的均衡点，则有：

$$\begin{cases} F(\alpha) = \alpha(1-\alpha)[-\beta\gamma J_2 + \beta(-J_1 - F) + (-K + D + F)] = 0 \\ F(\beta) = \beta(1-\beta)[\gamma\Delta N + \alpha(J_1 - \Delta T + F) + \Delta M - \Delta C] = 0 \\ F(\gamma) = \gamma(1-\gamma)[\alpha\beta J_2 + \beta(\Delta P - \Delta N - \Delta S) + U] = 0 \end{cases}$$

显然，上式存在 8 个特殊均衡点：$E_1[0,0,0]$、$E_2[1,0,0]$、$E_3[0,1,0]$、$E_4[0,0,1]$、$E_5[1,1,0]$、$E_6[1,0,1]$、$E_7[0,1,1]$、$E_8[1,1,1]$ 构成演化博弈模型解域的边界，围成的区域为三方博弈的均衡解域。此外还有域内解 $E_9[0, U/(\Delta N + \Delta S - \Delta P), (\Delta C - \Delta M)/\Delta N]$、$E_{10}[(\Delta C - \Delta M)/(J_1 - \Delta T + F), (-K + D + F)/(J_1 + F), 0]$、$E_{11}[1, U/(\Delta N + \Delta S - \Delta P - J_2), (\Delta C - \Delta M - J_1 - F + \Delta T)/\Delta N]$、$E_{12}[(\Delta N + \Delta S - \Delta P - U)/J_2, 1, (D - K - J_1)/J_2]$、$E_{13}[(\Delta C - \Delta M - \Delta N)/(J_1 + F - \Delta T), (-K + D + F)/J_1 + \nu J_2 + F, 1]$。

对于上述 13 个均衡点，E_1 到 E_8 是博弈解域的边界，也是渐近稳定点，对于渐近稳定状态的点则一定是严格的纳什均衡解，对于严格的纳什均衡又是纯策略纳什均衡解。因此，政府、开发商和消费者之间的演化博弈只需要讨论 $E_1[0,0,0]$、$E_2[1,0,0]$、$E_3[0,1,0]$、$E_4[0,0,1]$、$E_5[1,1,0]$、$E_6[1,0,1]$、$E_7[0,1,1]$、$E_8[1,1,1]$ 这 8 个点的渐进稳定性，而其余的 5 个均衡点为非渐进稳定状态，在此不做讨论。

通过分析雅克比矩阵局部稳定性，判断系统均衡点的稳定性，雅克比矩阵为：

$$J = \begin{bmatrix} (1-2\alpha)*\eth_1 & \alpha(1-\alpha)*[-\gamma J_2 + (-J_1 - F)] & \alpha(1-\alpha)*(-\beta J_2) \\ \beta(1-\beta)*(J_1 + F - \Delta T) & (1-2\beta)*\eth_2 & \beta(1-\beta)*\Delta N \\ \gamma(1-\gamma)*\beta J_2 & \gamma(1-\gamma)*[\alpha J_2 + (\Delta P - \Delta N - \Delta S)] & (1-2\gamma)*\eth_3 \end{bmatrix}$$

其中：$\eth_1 = -\beta\gamma J_2 + \beta(-J_1 - F) + (-K + D + F)$；

$\eth_1 = \gamma\Delta N + \alpha(J_1 - \Delta T + F) + \Delta M - \Delta C$；

$\eth_1 = \alpha\beta J_2 + \beta(\Delta P - \Delta N - \Delta S) + U$。

计算雅克比矩阵的特征根，将选定的 8 个稳定均衡点带入矩阵中，得出特征根的数值，见表 6.2。

均衡点雅克比矩阵特征根表 表6.2

均衡点	特征根		
$E_1[0,0,0]$	$\lambda_1 = -K + D + F,$	$\lambda_2 = \Delta M - \Delta C,$	$\lambda_3 = U$
$E_2[1,0,0]$	$\lambda_1 = K - D - F,$	$\lambda_2 = J_1 - \Delta T + F + \Delta M - \Delta C,$	$\lambda_3 = U$
$E_3[0,1,0]$	$\lambda_1 = D - K - J_1,$	$\lambda_2 = \Delta C - \Delta M,$	$\lambda_3 = \Delta P - \Delta N - \Delta S + U$

续表

均衡点	特征根		
$E_4[0,0,1]$	$\lambda_1=-K+D+F,$	$\lambda_2=\Delta M-\Delta C+\Delta N,$	$\lambda_3=-U$
$E_5[1,1,0]$	$\lambda_1=K-D+J_1,$	$\lambda_2=-(J_1-\Delta T+F+\Delta M-\Delta C),$	$\lambda_3=\Delta P-\Delta N-\Delta S+U+J_2$
$E_6[1,0,1]$	$\lambda_1=K-D-F,$	$\lambda_2=J_1-\Delta T+F+\Delta M-\Delta C+\Delta N,$	$\lambda_3=U$
$E_7[0,1,1]$	$\lambda_1=D-K-J_1-J_2,$	$\lambda_2=-(\Delta M-\Delta C+\Delta N),$	$\lambda_3=-(\Delta P-\Delta N-\Delta S+U)$
$E_8[1,1,1]$	$\lambda_1=K-D+J_1+J_2,$	$\lambda_2=-(J_1-\Delta T+F+\Delta M-\Delta C+\Delta N),$	$\lambda_3=-(\Delta P-\Delta N-\Delta S+U+J_2)$

根据弗雷德曼在 1991 年提出了检验上述 8 个均衡点的方法，即是检验动态系统方程组的雅克比矩阵的行列式的符号和迹的符号，具体如表 6.3 所示。

通过分析三方博弈主体行为演化博弈，可以得到不同的均衡状态，具体情况如下：

1）当 $D+F<K$，$\Delta M+\Delta N<\Delta C$，$U>0$ 时，根据表 6.3 所示，根据稳定性判断准则，可以得出均衡点 E_4（0,0,1）是系统的稳定状态，即（不激励、普通、购买）是政府、开发商和消费者三方博弈主体的演化稳定策略。

2）当 $D+F<K$，$\Delta M+\Delta N+J_1-\Delta C-\Delta T>F$，$U>0$ 时，根据表 6.3 所示，根据稳定性判断准则，可以得出均衡点 E_6（1,0,1）是系统的稳定状态，即（激励、普通、购买）是政府、开发商和消费者三方博弈主体的演化稳定策略。

3）当 $D<K+J_1$，$\Delta C<\Delta M$，$U+\Delta P-\Delta S>\Delta N$ 时，根据表 6.3 所示，根据稳定性判断准则，可以得出均衡点 E_3（0,1,0）是系统的稳定状态，即（不激励、绿色、不购买）是政府、开发商和消费者三方博弈主体的演化稳定策略。

4）当 $D<K+J_1+J_2$，$\Delta C<\Delta M+\Delta N$，$U+\Delta P-\Delta S>\Delta N$ 时，根据表 6.3 所示，根据稳定性判断准则，可以得出均衡点 E_7（0,1,1）是系统的稳定状态，即（不激励、绿色、购买）是政府、开发商和消费者三方博弈主体的演化稳定策略。

5）当 $D<K+J_1$，$F>\Delta C-\Delta M-J_1+\Delta T$，$U+\Delta P-\Delta S+J_2<\Delta N$ 时，根据表 6.3 所示，根据稳定性判断准则，可以得出均衡点 E_5（1,1,0）是系统的稳定状态，即（激励、绿色、不购买）是政府、开发企业和消费者三方博弈主体的演化稳定策略。

6）当 $D>K+J_1+J_2$，$F>\Delta C-\Delta M-\Delta N-J_1+\Delta T$，$U+\Delta P-\Delta S+J_2>\Delta N$ 时，根据表 6.3 所示，根据稳定性判断准则，可以得出均衡点 E_8（1,1,1）是系统的稳定状态，即（激励、绿色、购买）是政府、开发商和消费者三方博弈主体的演化稳定策略。

7）当 $D+F<K$，$\Delta C>\Delta M$，$U>0$ 或 $D+F<K$，$F<\Delta C-\Delta M-\Delta N-J_1+\Delta T$，$U>0$ 时，据表 6.3 所示，根据稳定性判断准则，可以得出系统应没有稳定状态。

系统均衡点的局部稳定性分析 表6.3

$E_1[0,0,0]$	$E_2[1,0,0]$	$E_3[0,1,0]$	$E_4[0,0,1]$	$E_5[1,1,0]$	$E_6[1,0,1]$	$E_7[0,1,1]$	$E_8[1,1,1]$
$D+F<K, \Delta M+\Delta N<\Delta C, U>0$							
$-,-,+$	$+,+/-,+$	$-,+,+/-$	$-,-,-$	$+,+/-,+/-$	$+,+/-,-$	$-,+,+/-$	$+,+/-,+/-$
鞍点	鞍/源点	鞍点	ESS	鞍/源点	鞍点	鞍点	鞍/源点
$D+F>K, \Delta M+\Delta N+J_1-\Delta C>F, U>0$							
$+,-,+$	$-,-,+$	$+/-,+,+/-$	$+,-,-$	$+/-,+,+/-$	$-,-,-$	$+/-,+,+/-$	$+/-,+,+/-$
鞍点	鞍点	鞍/源点	鞍点	鞍/源点	ESS	鞍/源点	鞍/源点
$K+J_1>D, \Delta C<\Delta M, U+\Delta P-\Delta S<\Delta N$							
$+/-,+,+$	$+/-,+,+$	$-,-,-$	$+/-,+,-$	$+,-,-$	$+/-,+,-$	$-,-,+$	$+,-,+$
鞍/源点	鞍/源点	ESS	鞍/源点	鞍点	鞍/源点	鞍点	鞍点
$K+J_1+J_2>D, \Delta M+\Delta N>\Delta C, U+\Delta P-\Delta S>\Delta N$							
$+/-,+,+$	$+/-,+,+$	$-,+$	$+/-,+,-$	$+,-,+$	$+/-,+,-$	$-,-,-$	$+,-,-$
鞍/源点	鞍/源点	鞍点	鞍/源点	鞍点	鞍/源点	ESS	鞍点
$K+J_1<D, F>\Delta C-\Delta M-J_1+\Delta T, U+\Delta P-\Delta S+J_2<\Delta N$							
$+,+/-,+$	$-,+,+$	$+,+/-,-$	$+,+/-,-$	$-,-,-$	$-,+,-$	$+,+/-,+$	$-,-,+$
鞍/源点	鞍点	鞍/源点	鞍/源点	ESS	鞍点	鞍/源点	鞍点
$K+J_1+J_2<D, F>\Delta C-\Delta M-J_1+\Delta T-\Delta N, U+\Delta P-\Delta S+J_2>\Delta N$							
$+,+/-,+$	$-,+,+$	$+,+/-,-$	$+/-,+,-$	$-,+$	$-,+,-$	$+/-,+,-$	$-,-,-$
鞍/源点	鞍点	鞍/源点	鞍/源点	鞍点	鞍点	鞍/源点	ESS
$D+F<K, \Delta M<\Delta C, U>0$ 或 $D+F>K, F<\Delta C-\Delta M-J_1+\Delta T-\Delta N, U>0$							
$+,-,+$	$-,+,+$	$-,+,+/-$	$-,+,+/-$	$+,-,-$	$-,+,-$	$-,+,+/-$	$+,-,+/-$
鞍点	鞍点	鞍/源点	鞍点	鞍/源点	鞍点	鞍/源点	鞍点

　　由上述可知，该博弈系统一共有 6 种演化稳定状态，对应的演化稳定策略分别是：E_4（0,0,1）、E_6（1,0,1）、E_3（0,1,0）、E_7（0,1,1）、E_5（1,1,0）、E_8（1,1,1）。但是通过稳定策略的分析可以看出，演化稳定策略 E_4（0,0,1）、E_6（1,0,1）、E_3（0,1,0）、E_5（1,1,0）表示开发商不开发绿色住宅和消费者不购买绿色住宅，这种情景阻碍绿色住宅的发展，所以应该避免出现这些演化稳定状态。演化稳定策略 E_7（0,1,1）促进了绿色住宅的发展，但是受到政府激励政策、开发商的技术水平以及消费者的认知程度的影响，短期内这一稳态难以达到。最后，只有演化稳定策略 E_8（1,1,1）才是我国绿色住宅短期内发展的最优策略。

　　在绿色住宅规模化推广中，政府、开发商和消费者的复制者方程涉及不同策略组合的收益和不同策略的比例分布，并且相关参数众多，通过雅克比矩阵判断特征值的稳定性分析方法难以获得解析解。应用数理分析方法也不易获得不同利益相关者的稳定策略。通过前面演化博弈均衡分析可知，演化稳定策略 E_8（1,1,1）是我国绿色住宅短期内发展的最优策略。为了更全面而直观地分析三方博弈主体长期的行为演化均衡状态，有必要借助系统动力学方法分析长期内，政府、开发商和消费者三方行为演化路径。因此，下文将在演化博弈模型基本假设和参数设定的基础上，基于系统动力学方法进行仿真分析绿色住宅供需行为演化路径并确定核心驱动因素。

6.3 系统动力学仿真分析

通过演化博弈均衡分析得出政府、开发商和消费者之间必然会实现演化均衡。但是采用演化博弈分析模型不能清晰地表达产生均衡的原因和过程，也不能确定均衡是否唯一。即使在某种情景下实现均衡，可能受到系统内部和外部因素不确定性因素的影响，最终博弈均衡状态很可能被打破。下文将采用系统动力学建模仿真方法对三方主体的动态博弈进行仿真模拟。

为了分析演化博弈模型中，政府、开发商和消费者三方主体的博弈关键点，明确三方主体随着外生变量变化，策略选择的变化趋势，笔者建立了系统动力学模型为分析政府、开发商和消费者三方主体的动态博弈过程提供了一个定性和定量相结合的仿真平台。采用系统动力学仿真工具建立演化博弈模型，研究三方主体的策略稳定情况以及外部参数变化下期望收益的变化，从而判断绿色住宅供需行为演化的最相关的影响因素，为绿色住宅规模化推广提供政策建议。

6.3.1 适用性分析

系统动力学突出的特点是可以通过长期动态研究，反映复杂系统的内部结构、功能和动态行为之间的相互作用关系，即使在数据不足的情况下，仍可构建系统动力学仿真模型。鉴于绿色住宅系统的复杂多变性，系统动力学在处理复杂非线性系统问题上具有独特的优势，20 世纪 90 年代后期已有学者用之进行房地产市场系统动力学模型仿真研究。利用系统动力学方法不仅可以从宏观上观察系统整体特征的变化，更能从微观角度解释导致特征变化的原因，从而为绿色住宅各类复杂现象的产生做出合理的解释。因此，运用系统动力学方法研究政府、开发商和消费者三方主体行为演化路径，具有良好的适用性。

6.3.2　系统动力学演化博弈模型构建

根据演化博弈分析建立系统动力学仿真模型的流程步骤如下：

1．主要参数的界定

为了进一步分析描述博弈三方主体行为的动态研究过程，采用系统动力学模型描述政府、开发商和消费者三方主体行为的长期演化趋势。运用 Vensim 软件构建系统动力学演化仿真模型。依据上文的模型基本假设，系统中参数表达如下：R 为开发商开发普通住宅的收益；C 为开发商开发普通住宅的成本；U 为消费者购买普通住宅获得的效用；F 为政府采取激励策略时，对开发普通住宅的开发商给予的惩罚；J_1 为政府采取激励策略时，对开发绿色住宅的开发商提供的激励；J_2 为政府采取激励策略时，对购买绿色住宅的消费者提供的激励；D 为政府采取激励策略时，上级部门给予的奖励及和公信力提升等收益；K 为政府采取激励策略时支付的政策性成本；E_3 为开发商开发绿色住宅时，政府获得的环境效益和社会效益；E_2 为开发商开发绿色住宅时，消费者获得的环境效益和社会效益；ΔM 为开发商开发绿色住宅获得的增量经济效益，如节地、节材效益和增加的品牌价值，如品牌认可度提高和社会荣誉增加；ΔN 为开发商开发绿色住宅时，获得的增量销售收入，也是消费者购买绿色住宅时，支出的增量购买费用；ΔC 为开发商开发绿色住宅支出的增量成本；ΔP 为消费者购买绿色住宅获得的增量效用，如运营阶段节水、节电等的经济效益和健康、安全的居住效益；ΔS 为消费者购买绿色住宅支出的交易成本；ΔT 为开发商开发绿色住宅支付的交易成本。

2．绘制因果回路图

在绿色住宅供需行为演化路径研究中，政府、开发商和消费者三方博弈主体支付矩阵的主要参数：政府提供激励的概率 α、开发商开发绿色住宅的概率 β、消费者购买绿色住宅的概率 γ 为 3 个水平变量，分别表示政府激励变化率、开发商开发绿色住宅的变化率和消费者购买绿色住宅的变化率 3 个速率变量的积分，而政府激励变化率、开发商开发绿色住宅变化率和消费者购买绿色住宅变化率分别对应 α、β、γ，U 为系统的中介变量，由式（6-1）～式（6-12）共 12 个方程式反映存量流量图中水平变量、速率变量、中间变量和其他辅助外生变量的函数关系。根据政府方、开发商和消费者演化博弈分析绘制系统动力学存量流量图，构建政府、开发商和消费者演化博弈的系统动力学仿真模型，图 6.2 中箭尾与方程中的自变量相连，箭头与因变量相连。

3．结合实际情况给外生变量赋初值

假设所有外生变量均为正数，模型构建过程中，外生变量的赋值和调节主要

依据以往的文献研究结论、政府部门发布的事实数据（住房与城乡建设部"绿色建筑后评估调研报告"），并通过咨询绿色建筑咨询企业、绿色住宅开发商和承包商经验，赋值为：$\Delta M=0.1$，$F=0.08$，$D=0.05$，$J_1=0.05$，$J_2=0.05$，$E_3=0.05$，$E_2=0.02$，$\Delta P=0.3$，$Y_5=\Delta N=0.6$，$\Delta C=0.05$，$K=0.05$（假设 $\Delta S=\Delta T=0$），所赋值单位均为万元 /m^2，形成如图 6.2 所示的系统动力学仿真模型。

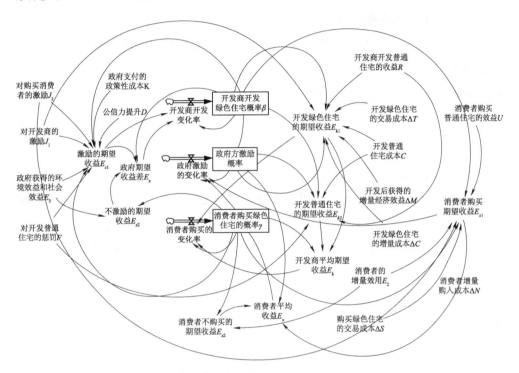

图 6.2　政府、开发商和消费者演化博弈的系统动力学仿真模型

6.3.3　演化博弈模型整体仿真分析

政府、开发商和消费者三方博弈主体的策略选择均包括两种（政府选择激励或不激励、开发商选择开发或不开发、消费者选择购买或不购买），当三方博弈主体的初始值为纯策略时，可选择 0 或 1 策略。三方主体对应的策略组合包括（0,0,0）、（0,1,0）、（0,0,1）、（0,1,1）、（1,0,0）、（1,1,0）、（1,0,1）和（1,1,1）8 种策略组合。其中 α 代表政府方激励的概率、β 为开发商开发绿色住宅的概率、γ 为消费者购买绿色住宅的概率，$0 \le \alpha$，β，$\gamma \le 1$。比如（0,0,0）策略表示政府不激励、开发商不开发和消费者不购买绿色住宅的策略组合。在仿真过程中，设置模拟周期为 240 个月，软件运行之后发现以上 8 种策略组合的初始策略系统状态未发生任何变化，表示政府、开发商和消费者三方初始策略为纯策略时，在仿真周期内持

续保持稳定状态。如一方或多方想要改变当前状态，均衡状态将会发生改变。目前，在政府倡导生态友好型社会、开发商绿色发展转型和消费者环保意识逐步增强的背景下，开发商和消费者对于绿色住宅均具有行为改变的倾向。因此，为了准确把握博弈主体的初始状态，首先将三方主体的初始策略（0,0,0）的值调整为（0.01,0.01,0.01）或者将初始策略（1,1,1）调整为（0.99,0.99,0.99）。

1. 政府不激励的初始策略

情景1：政府的初始策略是不激励，表示政府初始时有较弱的激励意愿0.01。在此情景下，政府、开发商和消费者有（0,0,0）、（0,1,0）、（0,1,1）、（0,0,1）四种初始策略组合，相应的三方主体的行为策略演化过程如图6.3～图6.6。

对比图6.3和图6.5发现，当开发商初始选择不开发绿色住宅策略时，政府选择激励策略的概率将迅速提升，当激励概率达到最高点时，开发商主动开发绿色住宅意愿也逐步提高；当政府的激励策略到达最高点之后，逐渐开始下降，而开发商在原有开发绿色住宅的惯性作用下，开发意愿增加至开发策略处达到稳定状态，而政府在不激励策略处实现稳定状态。比较图6.3和图6.4也可发现，消费者初始购买绿色住宅的意愿越强，政府越早实现不激励的策略，开发商则朝着绿色住宅开发策略演化。当消费者具有较强的绿色住宅需求时，主动购买绿色住宅，不需要政府提供激励措施来引导；而消费者的消费需求可促进开发商绿色住宅开发意愿的提升，逐步形成信息透明、成熟的绿色住宅市场，此时可以充分发挥绿色住宅市场机制。与此相反，如果消费者最初选择普通住宅，开发商的开发意愿将逐步降低至稳定状态。这个结果与第6章开发商绿色住宅开发意愿影响机理的研究结果一致，即市场需求对开发商绿色住宅开发意愿具有显著性正向影响。

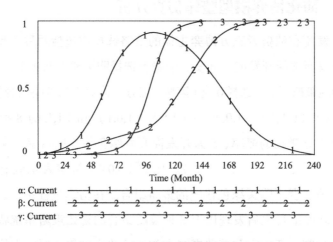

图6.3 （0,0,0）策略行为演化

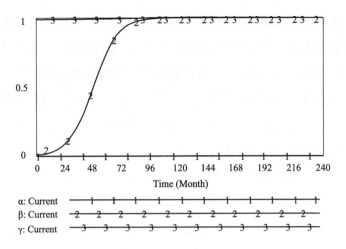

图 6.4　（0,0,1）策略行为演化

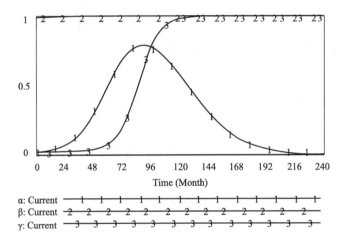

图 6.5　（0,1,0）策略行为演化

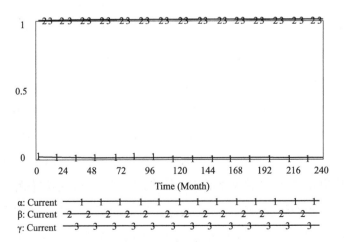

图 6.6　（0,1,1）策略行为演化

结论 1：在政府初始激励概率较小的情况下，三方主体的均衡策略最终会在（0,1,1）即政府不激励、开发商开发和消费者购买绿色住宅处达到均衡。初始策略为（0,0,0）时，政府在短时间内提高激励概率，开发商开发意愿和消费者购买意愿逐步提高，在 72 个月和 96 个月之间（约 84 个月），开发意愿增长速度大于购买意愿增长速度，说明在绿色住宅推广初期，开发商对政府提供的激励措施敏感度较高，直观的经济激励可促使其开发绿色住宅，而消费者对激励措施的反应滞后。因此，此阶段政府应制定供给侧为主导的激励策略。而进入仿真周期 96 个月之后，政府采用激励措施的概率逐步从最高点（激励）降低到 0 点（不激励），购买意愿增长速度大于开发意愿增长速度，说明此时政府激励对开发商的驱动效应逐渐弱化。由于此时市场供应了较多的绿色住宅产品，便于消费者进行比较和选择，加之已购买绿色住宅的消费者提供的正向反馈信息，共同作用下促使购买意愿迅速增加，并在短期内达到稳定状态，而开发商则缓慢达到稳定状态。因此仿真周期在 84 个月之后，政府加强引导消费者购买行为，通过媒体渠道宣传绿色住宅的效益，提高消费者绿色认知水平，吸引更多的消费者购买绿色住宅。

初始策略为（0,0,1）时，如图 6.4 所示，政府在整个仿真周期内，都采取不激励的行为策略，而消费者具有较高的购买意愿。虽然在仿真初期，开发商的行为策略为不开发，但是消费者对绿色住宅具有旺盛的市场需求，在其驱动下，开发商向开发绿色住宅的行为策略演化，并在 96 个月之后达到稳定均衡状态。这说明，如果消费者热衷于购买绿色住宅，那么对于开发商来说，即使政府不对其提供任何激励措施，为了应对消费者的需求，赢得更多的市场份额，开发商也将积极地开发绿色住宅。这个研究结论与 Zhang 等研究相类似，即消费者需求在绿色住宅规模化推广中发挥着至关重要的作用。只有市场需求侧消费者愿意购买绿色住宅，开发商将自愿选择开发行为策略，充分发挥市场机制的调节作用，而不再需要政府的干预和引导，这也是一种比较理想的行为演化策略。因此，引导并激励消费者购买绿色住宅也是政府在绿色住宅初始阶段的一项核心工作。

初始策略为（0,1,0）时，如图 6.5 所示，开发商绿色环保意识较强，具有较高的绿色住宅开发意愿。政府历经"不激励—激励—不激励"的策略演化路径。消费者的初始行为策略为不购买，在政府经济激励措施的驱动下，购买意愿概率从前期缓慢增长到 60 个月之后快速增长，最终达到购买行为的演化路径。可能原因是政府对消费者影响效应滞后性，购买绿色住宅的消费者在使用绿色住宅一段时间之后，对绿色住宅效用进行了正向反馈和传播。在消费者社会网络效应的影响下，购买意愿快速提高，更多消费者选择购买绿色住宅。因此，在此初始策略下，政府应加大对开发商的监管力度，保证绿色住宅开发的质量和性能，避免出现"以次充好"和"泛绿"现象，以免挫败消费者对绿色住宅的信任，出现负面的绿色住宅反馈信息。

初始策略为（0,1,1）时，如图 6.6 所示，开发意愿和购买意愿均较高，开发商和消费者都比较认可绿色住宅。在仿真周期内，政府一直保持不激励的行为策略，而开发商和消费者的行为策略自始至终也未发生任何变化。这种行为策略组合是最佳的行为策略，即在政府不干预的情况下，开发商和消费者自愿参与绿色住宅行为，充分发挥绿色住宅市场机制。

2. 政府激励的初始策略

情景 2：政府初始策略为强烈的激励意愿时，α 取 0.99。在此情景下，政府、开发商和消费者有（1,0,0）、（1,0,1）、（1,1,0）、（1,1,1）四种初始策略。行为演化过程如图 6.7～图 6.10 所示，三方在（0,1,1）策略处达到稳定状态。

分析图 6.7 中（1,0,0）策略和图 6.8 中（1,0,1）策略可知，虽然消费者初始策略不同，但是三方主体表现类似的行为演化路径，主要区别在于达到均衡状态经历的时间不同。当开发商初始选择不开发绿色住宅的策略，政府就会持续对其激励，直到开发商选择开发绿色住宅的行为。此时，政府的激励概率将逐渐降低，直到在不激励的策略下达到稳定状态。比较图 6.7 和图 6.9 可知，如果政府初始选择激励策略，开发商在较早的演化时间内达成开发绿色住宅策略的稳定状态，消费者的初始策略为购买绿色住宅。可能原因是消费者具有较好的环境保护意识，在绿色发展转型和社会责任的压力下，开发商会尽早开发绿色住宅产品。如果开发商初始选择开发绿色住宅的策略，政府的激励概率逐步降低至不激励处达到均衡。

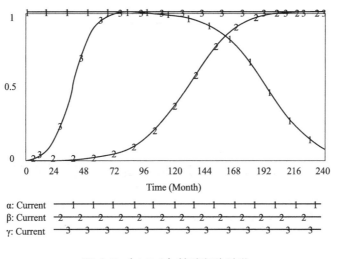

图 6.7　（1,0,0）策略行为演化

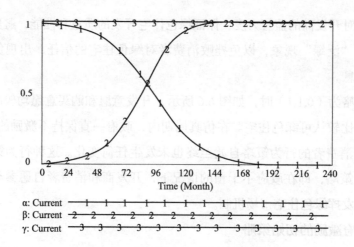

图6.8 （1,0,1）策略行为演化

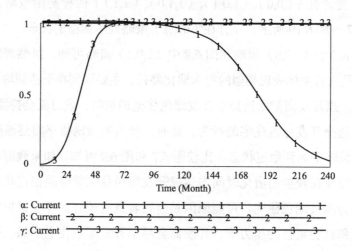

图6.9 （1,1,0）策略行为演化

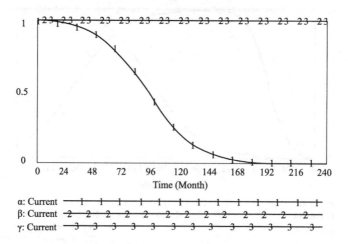

图6.10 （1,1,1）策略行为演化

结论 2：在政府激励较强的初始情形下，政府、开发商和消费者最终选择（0,1,1）策略组合，即（政府不激励，开发商开发绿色住宅，消费者购买绿色住宅）处达到均衡状态。

初始策略为（1,0,0）时，政府行为策略历经"激励—不激励"，最终在仿真周期的末期达到稳定均衡，开发商和消费者逐步达到开发绿色住宅和购买绿色住宅的均衡状态。消费者购买绿色住宅的意愿增长速率大于开发商开发绿色住宅的增长速率，并且消费者在较短的时间内演化为购买绿色住宅的行为。相对来说，开发商开发绿色住宅的行为演化时间较长一些。可能原因是房地产市场较为火热，即使开发商不开发绿色住宅产品，也可获得较好的经济效益；也可能是政府提供经济激励不足以吸引开发商开发绿色住宅。因此，开发商达到开发绿色住宅行为演化时间较长。在绿色住宅市场份额较少，环境治理高昂费用的压力下，政府对规模化推广绿色住宅具有较高的诉求，向开发商和消费者提供激励的意愿较高。此阶段政府主要任务是引导房地产市场健康平稳发展，防止市场过热和投资投机行为，扭曲绿色住宅的实际购买行为。

初始策略为（1,0,1）时，政府行为策略历经"激励—不激励"，与图 6.7 相比，在较短的时间内达到了"不激励"的稳定均衡状态。消费者具有强烈的环境保护意识和购买需求，且在政府提供的激励措施下，消费者的行为策略自始至终一直保持为"购买绿色住宅"。开发商在政府激励和消费者需求的双重驱动下，行为策略从"不开发绿色住宅"，在较短的时间内过渡为"开发绿色住宅"。在房地产发展新常态的背景下，中央政府加大房地产市场调控力度，房地产市场最终将回归理性，开发商赢得市场的关键还是重视消费者的需求。

初始策略为（1,1,0）时，政府行为策略历经"激励—不激励"，开发商具有较强的绿色住宅开发意愿，而消费者在较短的时间内经历了"不购买—购买"行为的演化过程。在政策激励措施的作用下，消费者购买绿色住宅产品的压力降低，市场上存在较多的绿色住宅产品，可供消费者比较和选择，因此绿色住宅消费者的需求意愿快速增加。在开发商和消费者积极参与绿色住宅推广的过程，政府逐步降低激励概率，直到形成成熟的绿色住宅市场，逐步退出对绿色住宅市场行为的干预。

初始策略为（1,1,1）时，开发商开发意愿和消费者购买意愿均比较强，政府的策略行为比较简单，最终达到了"不激励"的稳定均衡状态。与初始策略为（1,1,0）相比，政府策略行为演化过程比较简单，不需要对绿色住宅市场行为采取任何干预措施，也可以实现绿色住宅的规模化推广。

6.3.4　外生变量对主体策略选择的仿真分析

通过以上三方主体策略选择的演化仿真得出政府、消费者和开发商三方策略选择的相互影响。此外，系统内部因素也对三方主体策略选择产生影响，即不同外生变量对政府、开发商和消费者行为策略选择的影响效应。通过对外生变量的赋值，模拟三方主体策略选择变化，进而确定政府、开发商和消费者三方主体行为演化的关键影响因素。

首先选择（1,0,0）策略组合作为仿真对象。通过改变外生变量的数值，如改变政府经济激励力度 J_1、对开发商不开发绿色住宅惩罚金额 F、开发商开发绿色住宅获得的经济效益和企业形象提升获得的经济效益 ΔM 发生变化、开发商投入的增量成本 ΔC 发生变化时，对三方主体策略选择的影响。下文将选择这 4 个外生变量进行详细分析，分析三方主体的策略选择概率的变化趋势，揭示绿色住宅供需行为演化路径。图中的横坐标代表时间，纵坐标表示某一主体策略选择的概率。

1. 情景 3：政府对开发商提供的经济激励 J_1 发生变化

政府对开发商提供经济激励的大小是政府是否选择激励策略的一个必要因素。如果政府提供的经济激励大于所获得的社会效益，那么政府将仔细考虑是否提供经济激励。如图 6.11 ~ 图 6.13 所示，不同激励力度下，政府、开发商和消费者行为演化趋势。随着经济激励金额的增加，政府将在短时间内转为选择不激励策略，并且在一定限度内不会影响开发商和消费者策略行为。政府选择对开发商提供经济激励力度必须控制在一定范围内，以免增加政府的财政压力。因此，政府激励策略是不可持续的，最终导致政府降低经济激励力度，甚至取消提供经济激励，最终很可能导致开发商放弃开发绿色住宅和消费者选择购买普通住宅的不良状态。

如图 6.11 所示，图中标线 1、2、3 对应的 J_1 值分别为 0、0.05、0.10。标线 1 为政府提供的激励力度为 0，表示政府不提供任何经济激励策略，也相当于减少了政府的干预成本，因此政府选择激励策略行为的概率为 1。标线 2 为政府提供的激励力度为 0.05，标线 3 为政府提供的激励力度为 0.10。标线 3 的激励力度大于标线 2 的激励力度，由图 6.11 可见标线 3 政府在较短的时间内达到不激励的策略，而标线 2 由于激励力度略小，达到均衡状态持续的时间较长。这表明政府提供的激励力度越大时，承担的财政负担越重，持续提供激励的时间越短，符合实际情况。

如图 6.12 所示，图中标线 1、2、3 对应的 J_1 值分别为 0、0.05、0.10。标线 1、标线 2 和标线 3 相比较，标线 3 的激励力度最大，开发商从"不开发"到"开发"策略行为演化持续时间较短，而标线 1 等同于无经济激励措施，最终达到稳定均

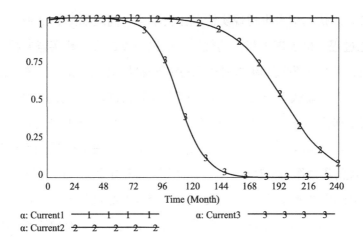

图 6.11　不同激励力度下政府经济激励行为概率

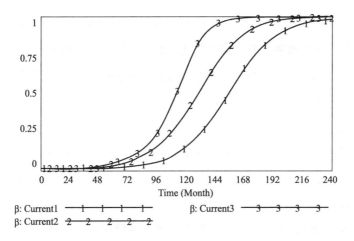

图 6.12　不同激励力度下开发商开发行为概率

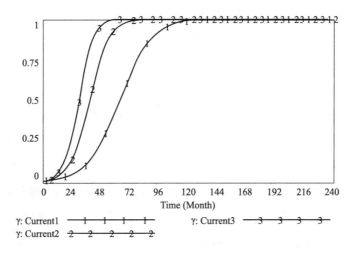

图 6.13　不同激励力度下消费者购买行为概率

衡的时间最长。仿真结果也与现实情况比较吻合。同理如图6.13所示，针对消费者行为演化过程，也表现出相同的规律，激励力度越大，购买意愿提升越快。比较图6.12和图6.13开发商和消费者达到稳定均衡状态持续的时间有较大的区别，消费者需要的时间明显低于开发商。这也表明，消费者对于政府的经济激励措施比较敏感，在房价居高不下的背景下，房价持续上涨，消费者购房压力较大，经济激励可以减少消费者的购房成本。而对开发商来说，相对于房地产项目巨大的投资金额，政府提供的经济激励作用相对有限，因此达到均衡稳定状态的时间较长。

在政府的激励策略作用下，开发商会选择开发绿色住宅，消费者更加倾向于购买绿色住宅，并达到稳定均衡。随着政府提供激励策略意愿逐渐降低，政府策略在激励处达到稳定，开发商和消费者最终策略并未变化，只是达到演化稳定状态的时间更短。

结论3：当政府对开发商提供不同力度的经济激励时，激励力度影响政府行为策略，而不影响开发商和消费者策略行为，但力度过大，不利于系统达到演化稳定。

2. 情景4：政府对不开发绿色住宅的开发商惩罚金额 F 发生变化

政府对不开发绿色住宅的开发商采取一定的惩罚措施，可以促使开发商参与开发绿色住宅。如果惩罚力度不足，开发商的"违法成本"过低，造成开发商不重视绿色住宅的开发，消费者在市场上购买绿色住宅产品的机会也将大大降低。当政府不惩罚开发商时（ $F=0$ ），即政府直接经济效益的降低，最终选择惩罚开发商的策略。如果开发商选择开发绿色住宅，消费者也有更多的机会购买绿色住宅。可能的原因是如果政府取消了经济性激励或力度降低，开发商和消费者的策略行为将选择不开发和不购买。但是随着惩罚力度的增加，开发商将更快选择开发绿色住宅，消费者也会在短时间内达到稳定均衡状态。依据前景理论，开发商对政府惩罚的感受比接受经济激励的感受更为强烈。

如图6.14所示不同惩罚力度下政府激励行为概率，图中标线1、2、3对应的 F 值分别为0、0.08、0.16。3条标线政府的激励行为演化曲线，几乎是吻合，表明政府对开发商不开发绿色住宅的惩罚力度并不能显著地影响激励行为的演化。政府在对不开发绿色住宅的开发商制定惩罚措施的同时，也对开发绿色住宅的开发商提供激励措施，政府行为策略经历了"激励"向"不激励"的转换。因此当罚金金额变化时，对政府的策略选择影响较小，最终都会达到不激励的状态。

如图6.15所示不同惩罚力度下开发商开发行为概率，图中标线1、2、3对应的 F 值分别为0、0.08、0.16。标线3的惩罚力度最大，开发商在最短的时间内完成从"不开发"到"开发"的行为演化，标线1的惩罚力度最小，开发商行为演化持续的时间最长。在较小的惩罚力度下，开发商达到"开发"行为演化的时间甚至持续到 216 个月，较长的演化时间并不利于绿色住宅的规模化推广。因此，政府在制定引导政策时候，必须要加大违规成本，对不符合最低节能要求的房地产项目的开发商，处于较大程度的惩罚，促使绿色住宅的规模化推广。

如图 6.16 所示不同惩罚力度下消费者购买行为概率，图中标线 1、2、3 对应的 F 值分别为 0、0.08、0.16。与图 6.15 曲线走势相类似，标线 3 曲线最早达到稳定均衡状态，标线 1 最迟达到稳定均衡状态。这表明受开发商行为的影响，加大对开发商的惩罚力度，开发商将在短期内将"不开发"策略转化"开发"策略，在市场上提供更多的绿色住宅产品，减少了消费者购买绿色住宅产品的搜寻成本，进而也可实现短期内从"不购买"到"购买"的行为演化。

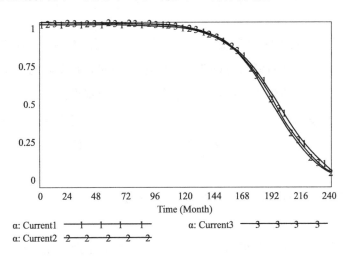

图 6.14 不同惩罚力度下政府经济激励行为概率

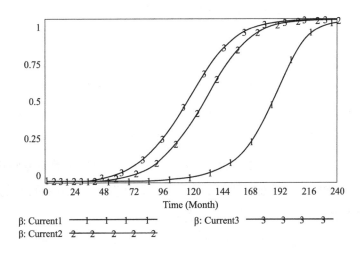

图 6.15 不同惩罚力度下开发商开发行为概率

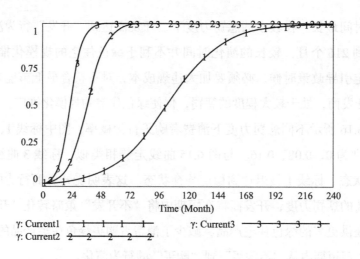

图 6.16　不同惩罚力度下消费者购买行为概率

结论 4：随着惩罚力度的增加，对政府激励行为演化影响并不显著，而开发商越早开发绿色住宅，消费者具有购买绿色住宅的倾向。开发商的策略选择对惩罚力度更为敏感，符合前景理论的结论。在绿色住宅规制设计中，缺乏强有力的惩罚机制将导致开发商缺乏约束，将向不开发绿色住宅的行为演化，进而影响消费者购买绿色住宅的行为。因此，政府加大惩罚力度，可较为快速地引导开发商选择开发绿色住宅。

3．情景 5：开发商开发绿色住宅获得的经济效益和企业形象提升获得的经济效益 ΔM 发生变化

开发商开发绿色住宅获得的长期经济效益是影响企业策略选择的一个重要因素。开发商开发绿色住宅所带来的显著的经济效益是其实施开发行为的主要驱动力。因为利润的最大化是企业策略选择时首要考虑的因素。

如图 6.17 所示在开发商不同经济效益下，政府激励策略的概率变化。图中标线 1、2、3 对应的 ΔM 值分别为 0.55、0.6、0.75。标线 3 中开发商获得的经济效益最高，促使开发商开发意愿较高，此时政府便可从激励行为策略演化为不激励策略。比较三条标线，在激励策略概率相同的情况下，标线 3 持续的时间最短，标线 1 持续的时间较长，这说明经济效益是促使开发商开发绿色住宅的直接动力，这与第 4 章实证研究的结果相符合。在标线 1 中，甚至出现政府激励策略的概率在仿真末期未达到 0，而是 0.75 附近，这说明如果开发商不能获得可观的经济效益，即使政府实施激励措施，也不能取得良好的效果。

如图 6.18 所示在开发商不同经济效益下，开发商开发行为的概率变化。图中标线 1、2、3 对应的 ΔM 值分别为 0.55、0.6、0.75。3 条曲线走势是平行的，区别

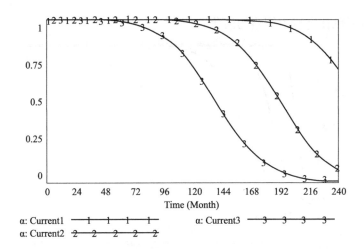

图 6.17　开发商不同经济效益下，政府选择激励策略的概率变化

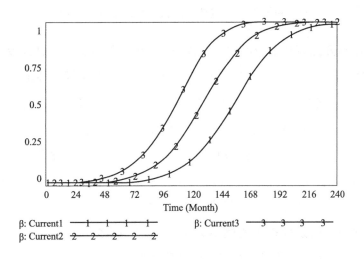

图 6.18　开发商不同经济效益下，开发商开发绿色住宅的概率变化

在于达到均衡状态持续的时间。开发商获得的经济效益越高，那么开发绿色住宅的积极性越高，开发行为演化花费的时间较短。这表明开发商本质上是受经济效益直接驱动的主体，符合"经济人"假设。在开发绿色住宅中，开发商只要可以获得丰厚的经济效益，那么就会主动开发绿色住宅。

　　如图 6.19 所示开发商不同经济效益下，消费者购买行为的概率变化。图中标线 1、2、3 对应的 ΔM 值分别为 0.55、0.6、0.75。与图 6.18 曲线走势相类似，标线 3 中消费者最早达到稳定均衡状态，标线 1 消费者最迟达到稳定均衡状态。这表明受开发商绿色住宅开发行为的影响，开发商在开发绿色住宅过程中获得可观的经济效益，短期内向开发行为演化，在市场上供应更多的绿色住宅产品，便于消费者比较和选择，可有效地减少消费者在交易环节的花费，进而也可实现在短期内向购买绿色住宅行为策略的演化。

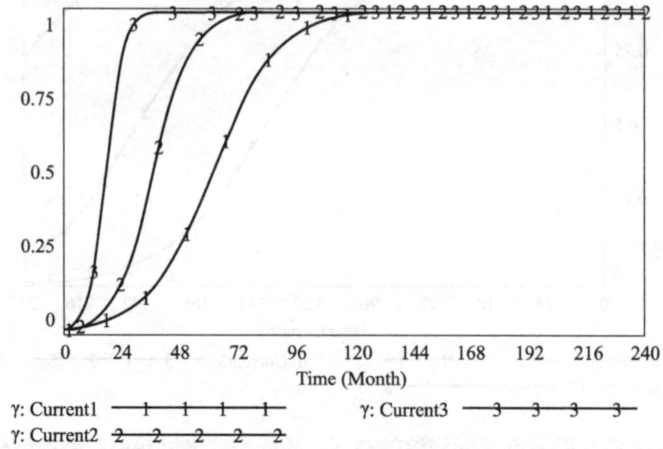

图 6.19　开发商不同经济效益下，消费者购买绿色住宅的概率变化

结论 5：当开发商开发绿色住宅，获得较低的经济效益时，开发商开发绿色住宅的积极性和意愿均较低。并且，间接地造成消费者购买绿色住宅产品可供选择的范围较小，最终消费者选择绿色住宅策略行为的概率降低。与之相反，随着经济效益的增加，开发商将迅速选择开发绿色住宅的策略，消费者也能较短时间内选择购买绿色住宅产品，最终达到政府不激励，开发商开发绿色住宅和消费者购买绿色住宅的均衡状态。因此，开发商开发绿色住宅所获得的经济效益的高低直接影响开发商、消费者和政府方策略行为的选择。

4．情境 6：开发商投入的增量成本 ΔC 发生变化

与普通住宅相比，开发商开发绿色住宅需要在规划设计、施工阶段投入一定的增量成本，另外还包括绿色住宅认证所发生的认证费用。开发绿色住宅的增量成本越高，开发商自愿选择开发策略行为的概率也越低。

如图 6.20 所示，开发商不同增量成本下，政府选择激励策略的概率变化，图中标线 1、2、3 对应的 ΔC 值分别为 0.01、0.05、0.1，3 条标线曲线走势差别不大，说明开发商投入的增量成本对政府激励策略的选择影响不显著，增量成本越高，政府达到不激励的时间越长，甚至不能达到稳定策略。这说明若开发商投入的增量成本较高，并认为开发绿色住宅的性价比较低，需要政府持续提供经济激励，以弥补开发商的损失。

如图 6.21 所示，开发商不同增量成本下，开发商开发绿色住宅的概率变化，图中标线 1、2、3 对应的 ΔC 值分别为 0.01、0.05、0.1，3 条标线曲线几乎是重合的，达到均衡的时间也几乎是同步的。这表明可能增量成本取值过低，仅占开发

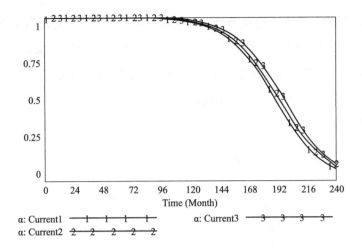

图 6.20　政府选择激励策略的概率变化

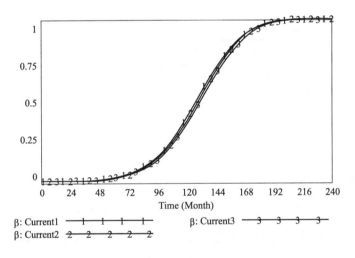

图 6.21　开发商选择开发绿色住宅的概率变化

费用中较小的比例，开发商可能忽视增量成本的影响，有待于进一步调整增量成本的数值，更全面地反映出曲线的走势。不过，对绿色住宅是否一定存在增量成本并未达成共识，较多的学者认为绿色住宅存在增量成本，也有部分学者认为绿色住宅不存在增量成本。如果存在增量成本的话，那么增量成本的大小取决于项目中采用的绿色技术。由于项目的地区差异性比较大，选用的绿色技术也有所差别，造成增量成本的不一致性。

　　如图 6.22 所示，开发商不同增量成本下，消费者购买绿色住宅的概率变化，图中标线 1、2、3 对应的 ΔC 值分别为 0.01、0.05、0.1，3 条标线曲线走势差别不大，也存在与开发商相同的情况，由于增量成本对开发商来说几乎没有区别，转嫁给消费者的住宅售价中也区别不大。因此，原因的分析过程与开发商相同。

结论 6：当增量成本变动较小时，对政府、开发商和消费者行为演化影响较小；而当增量成本较大的时候，政府必须提供经济性补贴，引导开发商绿色住宅开发行为开始向 1 处倾斜，相应地消费者购买绿色住宅的概率也提高至 1。政府为创造生态友好型社会，实现良好的环境效益和社会效益，将会选择对开发商提供经济激励的策略。

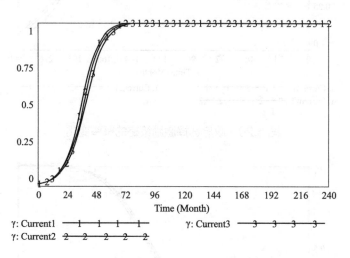

图 6.22　消费者选择购买绿色住宅的概率变化

6.4　本章小结

本章基于利益相关者理论，在绿色住宅市场供给侧开发商和需求侧消费者的基础上，引入政府干预行为，构建了绿色住宅供需行为演化博弈模型，然后应用系统动力学的方法仿真模拟，揭示绿色住宅供需行为演化均衡路径及驱动因素。研究结果表明：在绿色住宅规模化推广中，不管政府初始选择较弱的激励策略还是较强的激励策略，政府、开发商和消费者三方最终在（政府不激励，开发商开发绿色住宅，消费者购买绿色住宅）处达到稳定均衡状态。政府在系统演化过程中充当引导者，开发商担任推动者，消费者充当拉动者。政府对参与绿色住宅行为提供的经济激励、对不开发绿色住宅的开发商的惩罚力度，开发绿色住宅的开发商长期获得的经济效益和企业形象的提升，以及消费者感知价值等因素是系统演化的主要驱动因素。

参与绿色住宅规模化推广的关键利益相关者——政府、开发商和消费者，三方不断博弈与协同，以达成合理的利益共享和责任共担的均衡状态。本章选择 4 个显著影响三方策略行为演化的因素，通过改变外生变量数值，分析政府、开发商和消费者行为演化规律。仿真结果表明：

1）在较长的仿真周期内，尽管政府、开发商和消费者选择不同的初始策略，但是经过不断的博弈过程，最终三方均衡策略达成（政府不补贴，开发商开发绿色住宅，消费者购买绿色住宅）。如果仿真初期政府选择经济激励策略，那么将促使各方主体的简单而直接的行为演化路径。

2）在演化博弈过程中，一方面，政府的初始策略会决定开发商的策略演化，政府对开发商提供激励对开发商的影响具有滞后效益；消费者绿色环保意识的提升可以拉动开发商加大绿色住宅项目开发规模，直接促进开发商选择开发绿色住宅的策略；另一方面，政府的策略行为选择也受到开发商的初始策略的影响，影响消费者达到演化稳定状态的时间。在绿色住宅市场，形成了"政府推动＋消费者拉动"共同促进开发绿色住宅的氛围，推动系统不断演化。

3）政府的经济激励，对开发商的罚金，开发商获得的经济效益和企业形象的提高是系统演化的主要动力。政府关注社会效益的提升、开发商重视经济激励力度，两者共同影响政府行为策略，进一步影响开发商和消费者行为演化路径；而政府对施加开发商的罚金对政府策略行为影响不明显，但是显著影响开发商策略行为。

本章已对绿色住宅利益相关者主体的演化博弈策略进行了仿真模拟，明确了稳定均衡状态以及政府方、开发商和消费者在绿色住宅规模化推广中扮演的角色。依据本章研究结论，在下一章将提出绿色住宅规模化推广的对策建议。

第 7 章
结果对比与政策建议

本章主要进行结果对比并提出政策建议。第一部分,首先,通过对比绿色住宅开发意愿影响机理与绿色住宅购买意愿影响机理的研究结果,揭示绿色住宅供需双方的关注点和利益诉求,从而形象地描述绿色住宅市场上开发商和消费者不愿参与绿色住宅的深层原因;其次,比较演化博弈模型和系统动力学模型的仿真研究结果;最后,对比绿色住宅供需意愿影响机理实证分析与行为演化路径仿真分析的研究结果。第二部分,笔者依据研究结果提出政策建议。

7.1　结果对比

7.1.1　绿色住宅供需意愿影响机理对比

在开发商层面研究绿色住宅开发意愿影响机理,依据计划行为理论模型,在控制"行为态度""主观规范""知觉行为控制"这三个基本构要的基础上,引入"市场需求""增量成本""企业形象"和"政府激励"四个额外的构要。研究结果表明,市场需求、企业形象和政府激励对绿色住宅开发意愿具有显著性影响,而增量成本对开发商开发意愿影响并不显著;而在消费者层面研究绿色住宅购买意愿影响机理,依据感知价值理论,引入"主观知识""购买成本"和"参照群体影响"3个外部情境因素,研究结果表明感知价值和参照群体影响这两个因素显著影响购买意愿。

分析绿色住宅供需意愿关键因素,不难发现开发商和消费者对于绿色住宅的关注点不同。作为"理性经济人"的开发商比较关注的是绿色住宅市场需求的状况、开发绿色住宅可否获得政府的经济性和非经济性的经济效益以及开发绿色住宅可否在业内树立良好的企业形象,提高品牌价值并获得无形经济效益。在中国高情景集体主义文化的影响下,消费者购买大额产品时,首先,在其认知范围内判断产品的价值,即感知价值;其次,在深思熟虑的选择过程中,受到周围参照群体影响,进而影响绿色住宅购买意愿。绿色住宅供需意愿影响机理的揭示有利于政府有针对性地了解供需双方对绿色住宅的诉求。

另外,比较影响绿色住宅市场供给侧开发商和需求侧消费者参与意愿的因素,也可发现一定的规律:即供需意愿影响因素之间相互关联并相互影响。尽管在绿色住宅市场上,开发商和消费者对绿色住宅产品的关注点并不相同,但为了实现绿色住宅的规模化推广,应借鉴演化博弈论和系统论的思维,考虑在政府干预措施的影响下,反映绿色住宅供需行为的演化过程,本书第 6 章对此进行了细致地探讨。

7.1.2 绿色住宅供需行为演化路径不同仿真方法对比

第6章绿色住宅供需行为演化路径研究中，应用了演化博弈理论和系统动力学仿真方法，模拟政府干预下绿色住宅开发商和消费者行为演化路径。

在演化博弈模型中，通过模型假设提出、演化博弈模型构建、三方复制动态方程形成、三方主体演化博弈稳定性分析等过程，检验系统方程组的雅克比矩阵的行列式的符号和迹的符号，得出演化稳定策略（1,1,1）是我国绿色住宅规模化推广的最优组合策略，均衡策略出现的条件是：

当 D（政府采取激励策略时，上级部门给予的奖励及和公信力提升等收益）>[K（政府采取激励策略时，支付的政策性成本）+J_1（政府采取激励策略时，对开发绿色住宅开发商的激励）+J_2（政府采取激励策略时，对购买绿色住宅消费者的激励）]，F（政府采取激励策略时，对开发普通住宅开发商的惩罚）>[ΔC（开发商开发绿色住宅支付的增量成本）-ΔM（开发商开发绿色住宅获得的增量经济效益）-ΔN（开发商开发绿色住宅时，获得的增量销售收入）-J_1（政府采取激励策略时，对开发绿色住宅的开发商的激励）+ΔT（开发商开发绿色住宅支付的交易成本）]，[U（消费者购买普通住宅获得的效用）+ΔP（消费者购买绿色住宅获得的增量效用，如运营阶段节水、节电等的经济效益和健康、安全的居住效益）-ΔS（消费者购买绿色住宅支付的交易成本）+J_2（政府采取激励策略时，对购买绿色住宅的消费者的激励）]>ΔN（消费者购买绿色住宅时，支付的增量购买费用）。此时，有限理性的政府、开发商和消费者三方博弈主体均可实现收益大于成本的目标，在不断地动态博弈中，调整、修正并改进自身的行为，以获得更多的效益。并且演化博弈的初始状态影响演化博弈均衡状态。在政府介入绿色住宅市场的情况下，对绿色住宅开发商提高经济激励强度（J_1）并对普通住宅开发商施加较大力度的惩罚（F），对购买绿色住宅的消费者提供经济激励（J_2），会促使开发商和消费者群体转向最理想的演化稳定均衡方向。因此，在绿色住宅发展的初期，由于市场认知不足、需求乏力和市场风险较大，政府必须介入为绿色住宅开发商和消费者提供经济激励措施，培育绿色住宅市场。

在系统动力学模型中，通过界定主要参数并绘制因果回路图，并结合绿色住宅市场实际情况给外生变量赋初始值，构建系统动力学仿真模型。本书分别分析在政府不激励和激励的初始策略下，政府、开发商和消费者达成（不激励，开发绿色住宅，购买绿色住宅）的策略；而在外生变量的影响下，政府对开发商提供经济激励 J_1、对不开发绿色住宅的开发商处以罚金 F、开发商在开发绿色住宅的过程中获得经济效益和企业形象提升获得的经济效益 ΔM，以及开发商投入的增量成本 ΔC 发生变化的情景下，政府、开发商和消费者三方策略选择概率的变化，并比较 4 个外生变量变化对政府、开发商和消费者行为演化敏感性分析。不同的经济激励力度对政府、开发商和消费者行为演化均较为敏感。政府对开发商罚金变化对政府行为演化影响不敏感。开发商获得的经济效益和企业形象提升获得的经济效益对开发商和消费者行为演化较为敏感，而对政府行为演化影响并不敏感。但是增量成本变化对开发商和消费者的行为演化均不敏感。

通过比较演化博弈模型分析和系统动力学分析的结果，发现演化博弈模型侧重于分析绿色住宅市场三方行为主体在短期内形成的最优策略；而系统动力学模型是建立在演化博弈模型复制者动态方程的基础上，三方行为主体达到均衡状态，也可用于形象地描述外生变量发生变化时，对政府、开发商和消费者行为演化的敏感度，便于明确地表达出现均衡的原因和过程以及影响行为演化的显著的驱动因素。

7.1.3　绿色住宅供需意愿影响机理与行为演化路径对比

第 4 章基于拓展计划行为理论研究绿色住宅开发意愿影响机理和第 5 章基于感知价值理论研究绿色住宅购买意愿影响机理开展实证研究，研究均通过提出研究假设、构建理论模型、开发测量量表、设计调查问卷、收集调研数据、信效度和拟合度检验以及实证分析等环节，最后确定显著性影响因素和作用路径。在开发商层面，市场需求、企业形象和政府激励显著性影响绿色住宅开发意愿；而在消费者层面，感知价值和参照群体影响显著地影响绿色住宅购买意愿。

第 6 章基于演化博弈模型和系统动力学模型研究绿色住宅供需行为演化路径，立足利益相关者理论开展仿真研究，分析行为主体的利益诉求和博弈的焦点。实证研究与仿真研究有效结合，更全面地分析了绿色住宅供需意愿影响机理及行为演化路径。可在以下 3 个方面进行比较分析：

1．实证研究与仿真研究研究内容不同

实证研究是研究绿色住宅供需方意愿，而仿真研究是研究绿色住宅供需方的行为。尽管意愿并不等于行为，由于行为难以用量表开发测量，参考国内一些学者的做法，本书也将意愿代替行为研究绿色住宅供需意愿影响机理。

2．实证研究与仿真研究时间范围不同

实证研究体现在静态层面上的一个时间点，收集绿色住宅市场开发商和消费者在某个时间截面上的数据进行的影响机理分析。而仿真研究体现在动态层面上的一个时间段，在研究假设设定的前提下和外部情境参数变化的作用下，分析绿色住宅利益相关主体行为的研究路径。

3．实证研究与仿真研究的依据的基础理论不同

实证研究依据行为学理论中的计划行为理论和营销学中感知价值理论，构建了结构方程模型，在开发商绿色住宅开发意愿理论模型中引入"社会形象"潜变量；在消费者绿色住宅购买意愿理论模型中引入"参照群体影响"潜变量，揭示绿色住宅供需意愿影响机理，而仿真研究依据的是利益相关者理论，主要侧重点是三方参与主体利益的权衡。实证研究分析结果与仿真研究结论可相互验证，并组合静态与动态、时间点与时间段以及不同基础理论视角下的研究结论，更全面细致地反映绿色住宅难以规模化推广的原因。

第 3 章运用文献研究方法识别出政府方、开发商和消费者 3 个视角下 21 个影响因素，建立了绿色住宅供需意愿影响因素清单；采用专家访谈法和专家打分法，对 21 个影响因素进行两两比较打分，并运用 DEMATEL 方法进行定量分析，分别计算出各影响因素的影响度、被影响度、中心度和原因度，分析各因素之间相互影响。最后，依据中心度和原因度计算衡量因素重要度的 KPI 指标，识别出影响绿色住宅供需意愿的 10 个关键影响因素，分别为市场需求（D_4）、建设工期（D_8）、政策法规（G_3）、企业形象（D_7）、增量成本（D_2）、政策激励（D_5）、投资回报（D_6）、支付能力（C_2）、主观知识（C_1）、感知价值（C_3）。其中开发商维度的影响因素为市场需求、建设工期、政策法规、企业形象、增量成本、政策激励和投资回报，而消费者维度的影响因素为支付能力、绿色认知和感知价值。开发商维度的影响因素将在第 4 章中引入计划行为理论模型中，作为绿色住宅开发意愿的外部情境因素，拓展计划行为理论模型，研究绿色住宅开发意愿影响机理；消费者维度的影响因素将在第 5 章结合感知价值理论模型，作为绿色住宅购买意愿的外部情境因素，研究绿色住宅消费者购买意愿影响机理。识别的绿色供需意愿关键影响因素为供需意愿影响机理研究提供了可靠的研究基础。

第 4 章和第 5 章基于结构方程模型实证研究绿色住宅供需意愿影响机理，研究结果表明开发商层面，市场需求、企业形象和政府激励对绿色住宅开发意愿具有显著性影响，而增量成本对开发商开发意愿影响并不显著；消费者层面，感知价值和参照群体影响对绿色住宅购买意愿具有显著性影响。

第 6 章基于演化博弈模型和系统动力学模型研究绿色住宅供需行为演化路径，立足利益相关者理论开展仿真研究，分析行为主体的利益诉求和博弈的焦点。依据演化博弈模型中各博弈方的复制动态方程，求解博弈方演化的均衡点。演化博

弈稳定性分析表明：当演化稳定策略为 E_8（1,1,1），即（政府激励，开发商开发，消费者购买）策略是我国绿色住宅发展的最优策略。第 3 章开发商绿色住宅开发意愿实证研究的调查数据验证了演化博弈模型的结果。系统动力学仿真研究结果表明：政府通过提高激励概率和强度，促使开发商绿色住宅开发行为和消费者购买行为较快地达到均衡状态。再次证实了政府激励对绿色住宅供需行为的显著性影响。当增量成本变动较小时，对政府、开发商和消费者行为演化影响较小。增量成本变化对政府、开发商和消费者的行为演化均不敏感，实证研究的调查数据也验证了演化博弈模型的结果。

7.2　政策建议

7.2.1　鼓励绿色住宅租赁业务

根据第 5 章绿色住宅购买意愿影响机理的实证研究结果，感知价值和参照群体影响显著性影响消费者购买意愿，消费者对于绿色住宅的购买意愿易受到周围群体的影响。消费者对绿色住宅缺乏认知，绿色住宅的优势不足以吸引消费者，而乏力的绿色住宅需求也不能调动开发商绿色住宅产品创新的积极性。

在绿色住宅供需双方的共同影响下，绿色住宅推广速度较为缓慢，绿色住宅规模化发展也进入了瓶颈期。2017 年 7 月住房与城乡建设部联合八部委推出《关于在人口净流入的大中城市加快发展住房租赁市场的通知》，提高住房租赁的有效供给，并选择 12 个城市作为试点，推行"租售并举"的住房政策。该政策的实施为绿色住宅的规模推广提供了新思路。

为了提高绿色住宅消费者对感知价值的体验，建议政府结合"租售并举"的住房政策，激励开发商开发绿色住宅租赁业务。政府为前期开发绿色住宅租赁业务的开发商，在土地转让、容积率和招投标等方面提供优惠政策，消除开发商绿色住宅开发市场风险，吸引开发商积极参与绿色住宅。对于消费者，"租售并举"政策的推行，有利于实现党的十九大报告上习近平总书记提出了"让全体人民住有所居"的目标。即使部分收入水平较低、支付能力较弱的消费者，当前只能选择租赁住房以满足其基本居住需求，也可以租赁绿色住宅产品。因此，在住房租赁市场上推行绿色住宅，更大范围内的消费者可真实地体验到绿色住宅良好的经济效益、环境效益和社会效益以及居住舒适度。推进绿色住宅租赁业务不仅可以降低消费者在购买绿色住宅产品过程中由于绿色住宅市场的信息不对称和产品后验性的产生的交易成本，而且逐步提高了消费者对绿色住宅的认知水平、感知价值和产品的信任度，在实际住房购买行为中将优选绿色住宅产品。此外，由于住房租赁市场覆盖面较广、影响力更大，更多的消费者了解到绿色住宅优于传统住宅的特性，有利于消除对绿色住宅的误解和偏见，并通过参照群体影响为潜在的消费者提供更多有关绿色住宅正面评价的信息，促使更多的消费者购买绿色住宅产品，进一步扩大绿色住宅的推广范围。在良性循环作用下，实现绿色住宅的规模化推广。

结合绿色住宅租赁市场的发展，可以发挥更有效、更广泛的示范作用，促使更多的消费者主动购买或租赁绿色住宅产品，产生强劲的绿色住宅市场需求。从绿色住宅需求端推动绿色住宅的发展，降低开发商市场风险，并提高其绿色住宅开发意愿。绿色住宅开发商和消费者双方形成合力，推动绿色住宅规模化发展。

7.2.2　推行绿色住宅激励政策

与传统住宅相比，绿色住宅具有外部性和增量成本的劣势。从供需双方的利益考虑，政府激励政策对规模化推广绿色住宅具有重要作用。若没有外部的积极引导和激励措施，很难调动市场供需双方的积极性。

根据前述研究结果，经济效益是影响开发商开发绿色住宅的重要因素。因此，从开发商角度考虑，只有让其在开发绿色住宅时实现有利可图，才能自发地实施绿色住宅市场供给行为。在绿色住宅开发意愿影响机理研究中，基于计划行为理论，引入"市场需求""增量成本""企业形象"和"政府激励"4个外部构要，实证研究也表明政府激励是显著性影响因素。李克强总理提出"要在供给和需求两端同时发力"，激励开发商打造精品楼盘，鼓励消费者提高消费等级，撬动绿色住宅市场需求，建设以需求为导向的住房结构体系。政府在制定绿色住宅激励政策时，需发挥政府的主导地位的作用，通过制定相关法律法规、财税政策等优化绿色住宅政策环境。政府利用经济性补贴、贷款优惠和税收减免等经济性激励政策，引导开发商开发绿色住宅。政府也应注重协调发展并打通绿色住宅上下游产业，如绿色建材、建筑节能服务咨询机构、绿色设计施工、绿色物业等多个行业，形成成熟的产业链。只有激发出更多的绿色住宅市场需求，获得市场认可，才能提高开发商绿色住宅开发意愿，实现绿色住宅的规模化发展。

由于感知价值和参照群体影响对消费者购买意愿具有显著性影响。因此，从消费者角度考虑，政府在绿色住宅激励政策的顶层设计中，应把绿色住宅推广定位为适合中国本土情景的住宅产品，充分挖掘绿色住宅产品消费者的利益诉求和偏好。一方面，政府应制定具体有效的经济激励措施，给予住房贷款优惠、税收减免和财政补贴等措施，减少绿色住宅购买成本，形成消费者自愿购买绿色住宅的市场氛围。从政府对消费者提供的激励措施看，尽管政府相关文件中提及对购买绿色住宅的消费者给予贷款的适度优惠，但是各地方政府并没有具体落实该项贷款利率优惠额度政策。另一方面，政府应利用公共媒体资源，加大绿色住宅的宣传和普及，提高消费者的环境保护意识和社会责任心，提高绿色住宅感知价值水平，进而提高其购买意愿。随着绿色住宅知识的宣传，消费者的认知水平不断提高，特别是收入水平的提高和对居住舒适度的进一步追求，绿色住宅将成为房地产业绿色转型的必然趋势和选择。因此，针对绿色住宅供需方提供有效的绿色住宅激励政策，可有效解决绿色住宅难以规模化推广的问题。

7.2.3　探索绿色住宅积分制度

绿色住宅供给意愿影响机理研究结果表明"企业形象"对开发意愿具有显著性影响。在全球经济、环境和社会可持续发展的背景下，一些大型开发商如万科、朗诗地产等已走在开发绿色住宅的前列，顺应全球绿色发展理念，为消费者提供优质的居住环境和产品体验。在履行企业社会责任中，开发商提升了企业品牌价值和行业核心竞争力。为了鼓励开发商进行绿色创新，政府可对开发商实施绿色住宅积分制度，将企业履行环境保护义务和社会责任的行为量化。政府制定绿色住宅积分制度的细则，如每成功完成一个绿色住宅项目，根据项目规模，可累计信用积分。开发商累计相应的积分在申请开发资金贷款时，可获得缩短贷款审批时间和增加信贷额度的优惠；或在土地出让、容积率等方面给予优惠，短期内提高开发商绿色住宅开发意愿。为了减轻政府的监管成本，开发商绿色住宅积分认定工作可以委托给绿色住宅中介咨询机构和行业协会为代表的"第三方组织"。

另外，政府也可探索绿色住宅消费者积分制度，绿色消费积分制度是一个亟待开发的全新的经济激励制度。2016 年 3 月 1 日国家发展与改革委员会联合九部委联合出台了《关于促进绿色消费的指导意见》，提出在 2020 年推行绿色消费积分制度，即政府对消费者在参与各种类型环保活动中发放积分，据此对消费者的环境友好型行为进行经济激励。绿色消费的积分制度目前覆盖于高效能节约能源产品和环境保护型产品等。自 2008 年日本实施绿色消费积分制度至今，较好地解决了绿色消费乏力的问题。政府探索绿色住宅消费积分制度具有良好的前瞻性，可更好地完善绿色住宅需求侧传统的激励方式。例如根据绿色住宅不同的星级，给予消费者不同的经济性补贴；贷款利率的调整，消费者购买绿色住宅可申请商业贷款利率适当的下调。绿色积分制度也可用于其他对消费者有吸引力的激励方式，如在公共交通和学区配套等方面。由于消费者购买住房具有项目区位的要求，政府可探索消费者购买绿色住宅的积分制度，通过消费者获得的绿色积分大小，可以办理不同优惠折扣的公交和地铁卡，优先选择绿色住宅学区内的优质学区资源等方式。在短期内，可提高消费者绿色住宅购买意愿；从长期看，可逐步发挥绿色住宅市场机制。政府依据绿色住宅市场状况，对绿色住宅开发商和消费者逐步从激励策略转变为不激励策略，最终实现政府不激励、开发商开发和消费者购买的稳定策略。

7.2.4　加大房地产市场调控力度

中共十八届三中全会通过的《中共中央关于全面深化改革若干重大问题的决定》指出"使市场在资源配置中起决定性作用和更好发挥政府作用"，强调使市场在资源配置中起决定性作用，不是忽视更不是取消，而是更好地发挥政府的作用。因此，政府对房地产市场的调控是绿色住宅持续健康发展的基础。政府既是动态演化博弈中的局中人，也是博弈规则的制定者和执行人。当前，政府首要任务是应加大对房地产市场的调控力度，让房地产价格回归理性。

绿色住宅的推广长期以来一直笼罩在复杂多变、周期复发的房地产市场环境的阴影中。自我国住房改革以来，住宅产品逐步市场化。受深厚的传统文化思想影响，中国居民追求"居住有其屋"的目标，购买住房意义重大，如适婚青年需购买婚房，加之"二孩政策"释放出巨大的改善性住房需求。除了受国内外经济形势影响之外，房地产市场大多为卖方市场，开发商掌握产品定位和开发自主权。消费者仅仅掌握少量住房信息，开发商和消费者之间存在信息不对称的问题。传统的房地产发展模式中，房地产开发商主要关注点在于如何通过营销手段实现住宅产品的快速去化，如何实现资金的快速周转，以获取可观的经济效益。在巨大的住房需求和良好的市场环境下，开发商即使不开发绿色住宅产品，也可顺利销售出住宅产品。在房地产市场过热的背景下，消费者盲目购买，甚至恐慌性购买住宅产品，而不顾及是否为绿色住宅产品。这种市场现象在本书第5章消费者绿色住宅购买意愿影响机理的实证研究中也得到了验证。

2017年中央政府发出了"房子是用来住的，不是用来炒的"的市场信号，未来一段时间内各级政府持续调控房地产行业的发展。新常态下，房地产业亟须转型发展模式，进行供给侧结构性改革，减少低端、低附加值和高污染的产品投资，增加高附加值环境友好型的绿色住宅产品的投资，营造有利于绿色住宅市场发展的外部政策环境，引导开发商从追求开发规模和体量转为追求开发质量和品质，重视企业社会形象，引领消费者理性消费，抑制住宅的投机行为。因此，为了引导绿色住宅产品规模化推广，政府首先要做的工作是加大房地产市场调控力度，使房地产行业发展回归理性，引导开发商绿色发展转型。

第8章

结　论

8.1 主要结论

本书详细分析了我国绿色住宅难以规模化推广的原因，应用不同的理论和方法深入研究了绿色住宅供需意愿影响机理及行为演化路径，遵循"影响因素识别—影响机理分析—演化路径揭示—政策建议提出"的研究逻辑。得到以下研究结论：

1）运用文献研究方法、专家访谈法和 DEMATEL 方法识别了绿色住宅供需意愿影响因素。通过文献研究方法分析政府、开发商和消费者视角下，绿色住宅供需意愿影响因素。识别出绿色住宅规模化推广中影响供需意愿的 21 个影响因素，借助专家访谈法对各个因素进行打分，并采用 DEMATEL 方法对各个影响因素进行重要性排序，最终确定出 10 个关键影响因素，分别为市场需求、建设工期、政策法规、企业形象、增量成本、政策激励、投资回报、支付能力、主观知识和感知价值。

2）运用结构方程模型分别对绿色住宅开发意愿和购买意愿影响机理进行了实证研究。针对开发商和消费者分别展开了研究假设提出、理论模型构建、测量量表编制、调查问卷数据收集、信效度检验以及拟合度检验等工作，运用结构方程模型实证研究了影响机理和作用路径。绿色住宅开发意愿实证研究表明，市场需求、企业形象、行为态度、政策激励 4 个潜变量直接影响开发商开发意愿，其中市场需求对绿色住宅开发意愿影响最大，提高绿色住宅市场需求可显著提升绿色住宅开发意愿。绿色住宅购买意愿实证研究表明，感知价值、主观知识和参照群体影响直接影响购买意愿，从路径系数看，感知价值对绿色住宅购买意愿影响最大，提高感知价值是提升绿色住宅购买意愿的重要途径。

3）运用演化博弈模型和系统动力学模型对绿色住宅供需行为演化进行了仿真研究。从利益相关者主体的视角，在开发商和消费者的基础上，引入政府干预行为，构建了绿色住宅供需行为演化博弈模型，并在系统动力学平台上进行仿真模拟，研究政府、开发商和消费者策略演化均衡状态及驱动因素。结果表明，绿色住宅规模化推广中短期内三方达成（政府激励，开发商开发绿色住宅，消费者购买绿色住宅）的稳定均衡，而长期内达成（政府不激励，开发商开发绿色住宅，消费者购买绿色住宅）的稳定均衡状态。在绿色住宅市场初期，政府在系统演化中充当引导者，开发商担任推动者，消费者充当拉动者。仿真研究结论为政府提供的经济性补贴以及对开发商的惩罚力度，开发商长期获得的经济效益和企业形象的提升等因素是行为演化的主要驱动力。

4）通过结果对比提出了有针对性的政策建议。具体地体现在绿色住宅供需意愿影响机理的对比、绿色住宅供需行为演化路径不同仿真方法的对比、绿色住宅供需意愿影响机理与行为演化路径研究结论的对比。从不同的研究视角、不同的研究方法和不同的研究时间范畴，全面解读绿色住宅供给侧开发商和需求侧消费者在绿色住宅规模化推广中的角色和作用。最后，本书提出了鼓励绿色住宅租赁业务、推行绿色住宅政府激励政策、探索绿色住宅积分制度以及加大房地产市场调控力度等方面的政策建议。

8.2　创新点

本书结合理论研究、实证研究和系统仿真研究，以绿色住宅市场开发商和消费者为对象，将管理学中的感知价值理论、行为学中的计划行为理论和系统动力学理论进行深度融合，研究绿色住宅供需意愿影响机理及行为演化路径。创新之处如下：

1）构建了绿色住宅开发意愿影响理论模型

以文献研究为基础，以绿色住宅规模化推广为目标，基于拓展计划行为理论构建了绿色住宅开发意愿影响因素理论模型，并引入了"企业形象"这个新颖的构要，探索在可持续发展的背景下，开发商公众形象对绿色住宅开发意愿的影响，提高了理论模型的解释能力，为绿色住宅市场供给行为研究提供了新思路。

2）构建了绿色住宅购买意愿影响理论模型

以文献研究为基础，以绿色住宅规模化推广为目标，基于感知价值理论构建了绿色住宅购买意愿影响因素理论模型，并引入了心理学"参照群体影响"构要，使理论模型本土化，实现了绿色住宅消费者行为理论与心理学理论的有效融合，为绿色住宅市场需求行为研究提供了新观点。

3）构建了绿色住宅供需行为演化仿真模型

结合演化博弈理论和系统动力学方法，通过情境建模，动态仿真模拟开发商和消费者参与绿色住宅的行为过程，弥补了实证研究对客观现实的静态剖面的描述。实证研究与仿真研究结果相互补充并相互验证，为绿色住宅供需行为研究提供了新视角。

8.3　研究展望

中国情景下绿色住宅规模化推广中，绿色住宅供需意愿影响机理及演化路径的研究是一个复杂系统的问题，不仅受到众多利益相关者及其相互作用的影响，也受到不同城市房地产市场状况的影响。本书广泛地搜集绿色住宅推广现状相关资料、科学地筛选影响因素、拓展性地应用基本理论，结合实证研究和仿真分析得出了科学的研究成果。研究结论和相关政策建议可为政府引导绿色住宅规模化提供参考依据。但是，受资料检索范围、专家访谈数量和问卷调研范围的限制，文章不可避免地存在一些不足之处，有待在下一步的工作中深入研究的内容如下：

1）增加多元化区域的研究范围

实证研究的受访对象多集中于东部较发达的大中型城市，欠发达地区的数据样本较少。中国地大物博，经济发展不平衡，并且气候条件跨度较大，后续研究可考虑经济欠发达的中西部地区绿色住宅供需意愿的影响机理及行为演化路径研究，或者采用多群组结构方程模型对东、中和西部地区绿色住宅供需意愿影响因素进行综合比较，以期更好地指导我国绿色住宅规模化推广工作。

2）探索绿色住宅供需意愿与行为缺口的问题

研究并未区分意愿与行为之间的缺口。根据绿色消费相关研究文献，绿色住宅消费者在购买绿色住宅产品，自我报告式的表达购买意愿与实际付诸的购买行为并不一致。绿色住宅作为一种大宗耐用品，具有不同于一般绿色消费产品的特性，绿色住宅供需意愿与行为之间缺口的影响因素，可在后续研究中进一步探索，以便当开发商和消费者对绿色住宅产生行为意愿之后，有效地引导其付诸实际行动。由于绿色住宅供需意愿与行为缺口尚未有成熟的基础理论可供参考，后续研究可采用扎根理论的质性研究方法开展。

3）运用计算实验方法仿真绿色住宅供需双方行为演化

在绿色住宅供需行为演化研究中，主要采用演化博弈理论和系统动力学理论，较为适合地解决了系统内参与主体的行为反馈与动态调整变化的问题。考虑到行为主体学习性、模仿性和自适应性，为了更好地反映现实情境，后续研究可借助计算实验分析方法，将政府、开发商和消费者设置为各个 Agent 主体，通过改进仿真模型中的交互机制和决策机制，适当地引用社会推理算法、协同遗传算法、粒子群算法和神经网络等智能算法赋予 Agent 更加高级的学习能力、适应能力，提高 Agent 的决策能力。在 Multi-Agent 系统模拟仿真各个影响因素对绿色住宅供需行为的作用机制，为开发商和消费者行为决策提供准确地预测。Multi-Agent 系统仿真更贴近绿色住宅市场实际，更好地反映现实状况，可为政府提供更有价值的对策建议。

附 录 A

绿色住宅开发意愿影响因素调查问卷（正式调研）

尊敬的女士 / 先生：

您好！本次调查的目的是了解绿色住宅开发意愿影响因素（调查对象只限于房地产企业决策和管理人员）。问卷结果仅供本学术研究，绝不挪作他用。感谢您百忙之中参与本次调查！

相关术语解释：

绿色住宅：绿色建筑的一种表现形式。绿色住宅的评价主要依据《绿色建筑评价标准》GB/T 50378—2014，从节地与室外环境、节能与能源利用、节水与水资源利用、节材与材料资源利用、室内环境质量、施工管理和运营管理 7 个方面评价一星级、二级星级和三星级绿色住宅。

第一部分　受访者及其企业的基本信息

1. 您的性别是（　　）

    A. 男　B. 女

2. 您的年龄阶段是（　　）

    A.29 岁及以下　　　　B.30 ～ 39 岁

    C.40 ～ 49 岁　　　　D.50 岁以上

3. 您的受教育水平是（　　）

    A. 专科及以下　　　B. 本科　　　C. 硕士　　 D. 博士及以上

4. 您的职位是（　　）

    A. 高层管理人员　　B. 中层管理人员　　C. 一般员工

5. 您的从业年限是（　　）

    A.1 ～ 5 年　B.5 ～ 10 年　C.10 年以上

6. 您所在企业的性质是（　　）

    A. 国有企业　　　B. 民营企业　　　C. 外资或合资企业　　　　D. 其他

7. 您所在企业的规模（以上年度房地产开发业务销售额为准）是（　　）

    A.50 亿元以下　　　　B.50 亿～ 100 亿元

    C.100 亿～ 500 亿元　　D.500 亿元以上

8. 您所在企业是否开发过绿色住宅?（ ）

    A. 否   B. 开发 3 个及以下   C. 开发 4 ～ 10 个

    D. 开发 11 ～ 20 个   E. 开发 21 个以上

9. 您所在企业未来 3 年内是否开发绿色住宅?（ ）

    A. 否   B. 是

第二部分　绿色住宅开发意愿影响因素

依据您对绿色住宅的看法和认同程度，在对应等级表格内打"√"。

测量变量	观测题项	完全不同意	不同意	不确定	同意	完全同意
行为态度	1. 开发绿色住宅可提高经济效益					
	2. 开发绿色住宅可提高环境效益					
	3. 开发绿色住宅可提高社会效益					
主观规范	4. 开发绿色住宅受社会公众的影响					
	5. 开发绿色住宅受同行企业的影响					
	6. 开发绿色住宅受行业绿色转型的影响					
知觉行为控制	7. 我公司有足够技术和人员开发绿色住宅					
	8. 我公司有较强创新能力和管理能力开发绿色住宅					
	9. 我公司有雄厚的资金实力开发绿色住宅					
市场需求	10. 消费者认可绿色住宅促使我公司开发行为					
	11. 消费者节能环保意识增强促使我公司开发行为					
	12. 绿色住宅的市场需求增加促使我公司开发行为					
增量成本	13. 采用绿色住宅新技术增加开发成本					
	14. 开发绿色住宅建设周期延长增加开发成本					
	15. 申请绿色认证增加项目开发成本					
社会形象	16. 我公司对节能环保事业具有强烈的社会责任感					
	17. 我公司开发绿色住宅有利于提高企业品牌价值					
	18. 我公司具有绿色发展转型的意识					
政府激励	19. 政府对开发绿色住宅给予税收优惠政策合理					
	20. 政府对开发绿色住宅给予财政补贴政策合适					
	21. 政府对开发绿色住宅给予容积率优惠可行					

续表

测量变量	观测题项	完全不同意	不同意	不确定	同意	完全同意
开发意愿	22. 我公司愿意开发绿色住宅					
	23. 我公司愿意增加绿色住宅的开发比例					
	24. 总体而言,我公司开发绿色住宅的程度较高					

第三部分　对问卷的认知程度

1. 您认为自己对这份问卷的理解程度如何?(　　)

    A. 完全理解并接受　　　　　B. 基本理解

    C. 部分理解　　　　　　　　D. 不太理解或完全不理解

附 录 B

绿色住宅购买意愿影响因素调查问卷（正式调研）

尊敬的女士／先生：

您好！首先诚挚地感谢您能在百忙之中抽出宝贵的时间参与此问卷调查。本调研问卷的主要目的是了解您对绿色住宅购买意愿影响因素的看法。希望您所回答的问题能够准确地表达您自己的真实意见和想法，问卷结果仅供本学术研究，绝不挪作他用。再次感谢您百忙之中参与本次调查！

相关术语解释：

绿色住宅：绿色建筑的一种表现形式。绿色住宅的评价主要依据《绿色建筑评价标准》GB/T 50378—2014，从节地与室外环境、节能与能源利用、节水与水资源利用、节材与材料资源利用、室内环境质量、施工管理和运营管理7个方面评价一星级、二级星级和三星级绿色住宅。

第一部分　您的基本信息

1. 您的性别是（　　）

　　A. 男　B. 女

2. 您的年龄阶段是（　　）

　　A.29 岁及以下　　B.30 ～ 39 岁　　C.40 ～ 49 岁　　D.50 岁以上

3. 您的家庭成员数量是（　　）

　　A.2 人及以下　　B.3 人　　C.4 人　5 人及以上

4. 您的家庭孩子数量是（　　）

　　A. 无子女　　B.1 个　　C.2 个　　D.2 个以上

5. 您的家庭年平均月收入是（　　）

　　A.0.5 万元 / 月以下　　B.0.5 万～ 1 万元 / 月（不包括 1 万元）

　　C.1 万～ 1.5 万元 / 月　　D.1.5 万元 / 月以上

6. 您的职业是（　　）

　　A. 各类专业技术工作者　　B. 国家机关及企事业单位领导

　　C. 企事业单位一般职工　　D. 个体经营者　　E. 无业

7. 您的受教育水平是（　　）

    A. 小学及以下　　　B. 初中　　　C. 高中　　　D. 本科　　　E. 硕士及以上

8. 您的婚姻状态是（　　）

    A. 未婚　　　　　　B. 已婚

9. 近 3 年内，您是否有购房意愿？（　　）

    A. 是　　　　　　　B. 否

10. 近 3 年内，您的购房意愿是（　　）

    A. 首套房　　　　　B. 改善型住房

11. 您是否已经购买了绿色住宅？（　　）

    A. 是　　　　　　　B. 否

第二部分　绿色住宅购买意愿影响因素评价

依据您对绿色住宅的看法和认同程度，在对应等级表格内打"√"。

测量变量	观测题项	完全不同意	不同意	不确定	同意	完全同意
主观知识	1. 我了解绿色住宅评价标准					
	2. 我了解推行绿色住宅的原因					
	3. 我了解绿色住宅优于传统住宅的特性					
参照群体	4. 购买绿色住宅时，我会听从周围人的意见					
	5. 购买绿色住宅时，我会听从亲朋好友的意见					
	6. 购买绿色住宅时，我会选择购买人数比较多的住宅					
感知价值	7. 我觉得绿色住宅具有较好的保值增值能力					
	8. 我觉得绿色住宅可改善居住环境					
	9. 我觉得绿色住宅可减少能源消耗					
	10. 我觉得绿色住宅可提升了我的社会地位					
购买成本	11. 我认为绿色住宅购买价格不在承受范围内					
	12. 我认为绿色住宅购买价格不合理					
	13. 我认为绿色住宅购买价格可接受					

测量变量	观测题项	完全不同意	不同意	不确定	同意	完全同意
购买意愿	14. 我愿意购买绿色住宅					
	15. 我会考虑购买绿色住宅					
	16. 我会推荐他人购买绿色住宅					

第三部分　对问卷的认知程度

1. 您认为自己对这份问卷的理解程度如何？（　　）

  A. 完全理解并接受　　　　B. 基本理解

  C. 部分理解　　　　　　　D. 不太理解或完全不理解

参考文献

[1] Xue X, Wu H, Zhang X, et al. Measuring Energy Consumption Efficiency of the Construction Industry: The Case of China[J]. Journal of Cleaner Production, 2015, 107（11）: 509-515.

[2] 祁神军, 张云波. 中国建筑业碳排放的影响因素分解及减排策略研究 [J]. 软科学, 2013, 27（6）: 39-43.

[3] 郑兴有, 陆浩然, 王鹏. 低碳背景下节能减排对分行业就业影响的差异——基于我国东中西三大区域的面板数据分析 [J]. 生态经济, 2012（10）: 66-71.

[4] 周宇, 蔡一帆. 打造中国绿色建筑推广的合力 [J]. 现代城市研究, 2014（6）: 89-96.

[5] Paul W L, Taylor P A. A Comparison of Occupant Comfort and Satisfaction between a Green Building and a Conventional Building[J]. Building & Environment, 2008, 43（11）: 1858-1870.

[6] Hwang B G, Zhao X, Tan L L G. Green Building Projects: Schedule Performance, Influential Factors and Solutions[J]. Engineering Construction & Architectural Management, 2015, 22（3）: 327-346.

[7] Gabay H, Meir I A, Schwartz M, et al. Cost-Benefit Analysis of Green Buildings: An Israeli Office Buildings Case Study[J]. Energy & Buildings, 2014, 76（2）: 558-564.

[8] 李晓晨. 绿色建筑的特征及发展概况 [J]. 城市问题, 2014（4）: 45-47.

[9] 梁浩, 张峰, 梁俊强. 绿色建筑产业新城助力新型城镇化 [J]. 城市发展研究, 2013, 20（7）: 124-132.

[10] 仇保兴. 进一步加快绿色建筑发展步伐——中国绿色建筑行动纲要（草案）解读[J]. 城市发展研究, 2011, 18（7）: 1-6.

[11] 林敏. 新农村发展绿色建筑的节能技术与成本效益分析 [J]. 生态经济, 2010（10）: 116-119.

[12] Zuo J, Zhao Z Y. Green Building Research-Current Status and Future Agenda: A Review[J]. Renewable & Sustainable Energy Reviews, 2014, 30（2）: 271-281.

[13] Samari M, Ghodrati N, Esmaeilifar R, et al. The Investigation of the Barriers in Developing Green Building in Malaysia[J]. Modern Applied Science, 2013, 7（2）: 1-10.

[14] 邹苒. 绿色建筑规模化推广困境的经济分析 [D]. 山东大学, 2017.

[15] 宋凌, 李宏军, 张川. 2013 年度绿色建筑评价标识统计报告 [J]. 建设科技, 2014（6）: 27-30.

[16] 宋凌, 张川, 李宏军. 2015 年全国绿色建筑评价标识统计报告 [J]. 建设科技, 2016（10）: 12-15.

[17] Zhang L, Chen L, Wu Z, et al. Investigating Young Consumers' Purchasing Intention of Green Housing in China[J]. Sustainability, 2018, 10（4）: 1044-1059.

[18] 中国城市科学研究会. 中国绿色建筑 2014[M]. 北京: 中国建筑工业出版社, 2014.

[19] 吴文浩, 李明, 赖小东. 供给侧改革视角下绿色建筑推进机制研究 [J]. 科技进步与对策, 2016（16）: 124-128.

[20] 李佳桐. 绿色住宅选择行为的因素分析及关系研究 [D]. 哈尔滨工业大学, 2015.

[21] 高山. 绿色商品住宅经济激励问题研究 [D]. 南京工业大学, 2014.

[22] Ali H H, Nsairat S F A. Developing a Green Building Assessment Tool for Developing Countries- Case of Jordan[J]. Building & Environment, 2009, 44（5）: 1053-1064.

[23] Kientzel J, Kok G. Environmental Assessment Methodologies for Commercial Buildings: An Elicitation Study of U.S. Building Professionals' Beliefs on Leadership in Energy and Environmental Design （LEED）[J]. Sustainability, 2011, 3（12）: 2392-2412.

[24] Leaman A, Bordass B. Are Users More Tolerant of 'Green' Buildings?[J]. Building Research &

Information, 2007, 35（6）: 662-673.

[25] Kibert C J, Grosskopf K. Envisioning Next-Generation Green Buildings[J]. Journal of Land Use & Environmental Law, 2007, 23（1）: 145-160.

[26] 陈小龙, 刘小兵. 交易成本对开发商绿色建筑开发决策的影响 [J]. 同济大学学报（自然科学版）, 2015, 43（1）: 153-159.

[27] 马赢, 刘轶. 城镇住宅需求结构变动及其影响因素实证分析 [J]. 消费经济, 2014（1）: 23-27.

[28] 李国璋, 司燕洁. 我国住房消费与经济增长的互动关系——基于计量模型的实证分析 [J]. 消费导刊, 2009（20）: 28-29.

[29] 毛小平. 社会分层、城市住房消费与贫富分化——基于 CGSS2005 数据的分析 [J]. 兰州学刊, 2010（1）: 117-123.

[30] 马静, 邓宇. 绿色住宅发展潜力及需求分析——以银川市为例 [J]. 现代城市研究, 2014（4）: 62-66.

[31] 董丛. 浅谈推行绿色住宅存在问题及发展对策 [J]. 建筑经济, 2013（1）: 87-90.

[32] 王肖文, 刘伊生. 绿色住宅市场化发展驱动机理及其实证研究 [J]. 系统工程理论与实践, 2014, 34（9）: 2274-2282.

[33] 杨晓冬, 武永祥. 绿色住宅选择行为的因素分析及关系研究 [J]. 中国软科学, 2017（1）: 175-202.

[34] 薛波. 唐山曹妃甸国际生态城指标体系 [J]. 建设科技, 2010（13）: 64-65.

[35] 李春发, 曹莹莹, 杨建超. 基于能值及系统动力学的中新天津生态城可持续发展模式情景分析 [J]. 应用生态学报, 2015（8）: 2455-2465.

[36] 李小娜. 消费者绿色住宅购买意向的影响机理研究 [D]. 中国矿业大学, 2016.

[37] 连彩燕. 绿色住宅用户满意度综合评价研究 [D]. 重庆大学, 2016.

[38] 韩成英. 农户感知价值对其农业废弃物资源化行为的影响研究 [D]. 华中农业大学, 2016.

[39] 王欢喜. 基于利益相关者理论的政府信息公开绩效评价模式研究 [J]. 情报科学, 2013, 31（5）: 46-50.

[40] 齐宝鑫, 武亚军. 战略管理视角下利益相关者理论的回顾与发展前瞻 [J]. 工业技术经济, 2018, 37（2）: 3-12.

[41] 林曦. 弗里曼利益相关者理论评述 [J]. 商业研究, 2010（8）: 66-70.

[42] 何平均, 刘思璐. 农业基础设施 PPP 投资: 主体动机、行为响应与利益协调——基于利益相关者理论 [J]. 农村经济, 2018（1）: 76-81.

[43] 易余胤, 刘汉民. 经济研究中的演化博弈理论 [J]. 商业经济与管理, 2005（8）: 8-13.

[44] 方齐云, 郭炳发. 演化博弈理论发展动态 [J]. 经济学动态, 2005（2）: 70-72.

[45] 张瑶. 基于系统动力学的我国区域科技资源优化配置研究 [D]. 北京化工大学, 2014.

[46] 任思蓉, 孙绍荣. 房地产仿真模拟的系统动力学与多智能体建模的比较研究 [J]. 金融经济, 2013（10）: 89-91.

[47] 宏江. 公共项目管理过程的系统动力学研究 [D]. 中国地质大学（北京）, 2013.

[48] 何清华, 王歌. 知识图谱视角下绿色低碳建筑研究动态 [J]. 中国科技论坛, 2015（10）: 136-141.

[49] 邱均平, 杨思洛, 宋艳辉. 知识交流研究现状可视化分析 [J]. 中国图书馆学报, 2012, 38（2）: 78-89.

[50] 张晓芹, 李焕荣. 我国电子商务物流研究热点与趋势: 基于 CiteSpace 分析 [J]. 工业经济论坛, 2015（6）: 115-124.

[51] 秦晓楠, 卢小丽, 武春友. 国内生态安全研究知识图谱——基于 Citespace 的计量分析[J]. 生态学报, 2014, 34（13）: 3693-3703.

[52] 李杰, 陈超美. Citespace: 科技文本挖掘及可视化 [M]. 北京: 首都经济贸易大学出版社, 2016.

[53] Zhang L, Li Q, Zhou J. Critical Factors of Low-Carbon Building Development in China's Urban Area[J]. Journal of Cleaner Production, 2016, 142（1）：3075-3082.

[54] Osmani M, O'reilly A. Feasibility of Zero Carbon Homes in England by 2016: A House Builder's Perspective[J]. Building & Environment, 2009, 44（9）：1917-1924.

[55] Zuo J, Read B, Pullen S, et al. Achieving Carbon Neutrality in Commercial Building Developments-Perceptions of the Construction Industry[J]. Habitat International, 2012, 36（2）：278-286.

[56] Baek C, Park S. Policy Measures to Overcome Barriers to Energy Renovation of Existing Buildin- gs[J]. Renewable & Sustainable Energy Reviews, 2012, 16（6）：3939-3947.

[57] Chan E H W, Qian Q K, Lam P T I. The Market for Green Building in Developed Asian Cities-The Perspectives of Building Designers[J]. Energy Policy, 2009, 37（8）：3061-3070.

[58] Ping J, Tovey N K. Opportunities for Low Carbon Sustainability in Large Commercial Buildings in China[J]. Energy Policy, 2009, 37（11）：4949-4958.

[59] Li J, Colombier M. Managing Carbon Emissions in China Through Building Energy Efficiency[J]. Journal of Environmental Management, 2009, 90（8）：2436-2447.

[60] Yang X, Zhang J, Zhao X. Factors Affecting Green Residential Building Development: Social Network Analysis[J]. Sustainability, 2018, 10（5）：1389-1-21.

[61] Shen L, Zhang Z, Long Z. Significant Barriers to Green Procurement in Real Estate Development [J]. Resources Conservation & Recycling, 2017, 116（1）：160-168.

[62] Darko A, Chan A P C. Strategies to Promote Green Building Technologies Adoption in Developing Countries: The case of Ghana[J]. Building & Environment, 2018, 130（2）：74-84.

[63] 宋凌，林波荣，李宏军. 适合我国国情的绿色建筑评价体系研究与应用分析 [J]. 暖通空调，2012，42（10）：15-19.

[64] 王祎，王随林，王清勤. 国外绿色建筑评价体系分析 [J]. 建筑节能，2010，38（2）：64-66.

[65] 王敏，张行道，秦旋. 我国新版《绿色建筑评价标准》纵横比较研究 [J]. 工程管理学报，2016，30（1）：1-6.

[66] 何小雨，杨璐萍，吴韬. 群层次分析法和证据推理法在绿色建筑评价中的应用 [J]. 系统工程，2016，34（2）：76-81.

[67] 韩立红，陶盈盈，孙建伟. 基于博弈论与神经网络的绿色建筑评价 [J]. 青岛理工大学学报，2016，37（5）：81-89.

[68] 王宝令，张彦飞，罗浩. 基于综合评判法的我国绿色建筑评价指标体系研究 [J]. 沈阳建筑大学学报（社会科学版），2016，18（2）：109-114.

[69] 刘玉明. 北京市发展绿色建筑的激励政策研究 [J]. 北京交通大学学报（社会科学版），2012，11（2）：46-51.

[70] 刘俊颖，何溪. 房地产企业开发绿色建筑项目的影响因素 [J]. 国际经济合作，2011（3）：82-85.

[71] 杨晓冬，武永祥. 基于结构方程模型的城市住宅效用价值评价研究 [J]. 中国软科学，2013（5）：158-166.

[72] 高雷. 绿色住宅建筑全寿命周期增量成本与效益研究 [D]. 西安建筑科技大学，2016.

[73] Deuble M P, Dear R J D. Mixed-Mode Buildings: A Double Standard in Occupants' Comfort Exp-ectations[J]. Building & Environment, 2012, 54（8）：53-60.

[74] Cole R J, Brown Z. Reconciling Human and Automated Intelligence in the Provision of Occupant Comfort[J]. Intelligent Buildings International, 2009, 1（1）：39-55.

[75] Zhang L, Sun C, Liu H, et al. The role of public information in increasing homebuyers' willingness-to-pay for green housing: Evidence from Beijing[J]. Ecological Economics, 2016, 129（9）：40-49.

[76] Wu S I, Chen J Y. A Model of Green Consumption Behavior Constructed by the Theory of Planned Behavior[J]. International Journal of Marketing Studies, 2014, 6（5）: 119–132.

[77] Chau C K, Tse M S, Chung K Y. A Choice Experiment to Estimate the Effect of Green Experience on Preferences and Willingness-to-Pay for Green Building Attributes[J]. Building & Environment, 2010, 45（11）: 2553–2561.

[78] Zhao D X, He B J, Johnson C, et al. Social Problems of Green Buildings: From the Humanistic Needs to Social Acceptance[J]. Renewable & Sustainable Energy Reviews, 2015, 51（11）: 1594–1609.

[79] Attaran S, Celik B G. Students' Environmental Responsibility and Their Willingness to Pay for Green Buildings[J]. International Journal of Sustainability in Higher Education, 2015, 16（3）: 327–340.

[80] Robinson S J, Simons R, Lee E, et al. Demand for Green Buildings: Office Tenants' Stated Willingness-to-Pay for Green Features[J]. Social Science Electronic Publishing, 2016, 38（3）: 12–24.

[81] Mosly I. Barriers to the Diffusion and Adoption of Green Buildings in Saudi Arabia[J]. Journal of Management & Sustainability, 2015, 5（4）: 104–114.

[82] Hu H, Geertman S, Hooimeijer P. Personal Values That Drive the Choice for Green Apartments in Nanjing China: The Limited Role of Environmental Values[J]. Journal of Housing & the Built Environment, 2016, 31（4）: 1–17.

[83] Cowe R, Williams S. Who are the ethical consumers[J]. Ecra Ethical Consumer Ethical Consumer Research, 2000, 5（6）: 80–87.

[84] Olubunmi O A, Xia P B, Skitmore M. Green building incentives: A review[J]. Renewable & Sustainable Energy Reviews, 2016, 59（6）: 1611–1621.

[85] Wang T, Foliente G, Song X, et al. Implications and Future Direction of Greenhouse Gas Emission Mitigation Policies in the Building Sector of China[J]. Renewable & Sustainable Energy Reviews, 2014, 31（2）: 520–530.

[86] Qian Q K, Fan K, Chan E H W. Regulatory Incentives for Green Buildings: Gross Floor Area Concessions[J]. Building Research & Information, 2016, 44（5–6）: 675–693.

[87] Qian Q K, Chan E H W, Visscher H, et al. Modeling the Green Building（GB）Investment Decisions of Developers and End-Users with Transaction Costs（TCs）Considerations[J]. Journal of Cleaner Production, 2015, 109（12）: 315–325.

[88] Karkanias C, Boemi S N, Papadopoulos A M, et al. Energy Efficiency in the Hellenic Building Sector: An Assessment of the Restrictions and Perspectives of the Market[J]. Energy Policy, 2010, 38（6）: 2776–2784.

[89] Shapiro S. Code Green: Is "Greening" the Building Code the Best Approach to Create a Sustainable Built Environment?[J]. Planning & Environmental Law, 2011, 63（6）: 3–12.

[90] Tan T H. Satisfaction and Motivation of Homeowners Towards Green Homes[J]. Social Indicators Research, 2014, 116（3）: 869–885.

[91] Harrison D, Seiler M. The Political Economy of Green Office Buildings[J]. Journal of Property Investment & Finance, 2011, 29（4/5）: 551–565.

[92] Gou Z, Prasad D, Lau S Y. Are Green Buildings More Satisfactory and Comfortable?[J]. Habitat International, 2013, 39（4）: 156–161.

[93] Hu H, Geertman S, Hooimeijer P. The Willingness to Pay for Green Apartments: The Case of Nanjing, China[J]. Urban Studies, 2014, 51（16）: 3459–3478.

[94] Park M, Hagishima A, Tanimoto J, et al. Willingness to Pay for Improvements in Environmental Performance of Residential Buildings[J]. Building & Environment, 2013, 60（60）: 225–233.

[95] Olanipekun A O, Chan A P C, Xia B, et al. Applying the Self-Determination Theory（SDT）to Explain the Levels of Motivation for Adopting Green Building[J]. International Journal of Construction Management, 2017, 17（4）: 120-131.

[96] Haruna Karatu V M, Nik Mat N K. A New Model of Green Purchase Intention and its Derivatives: Confirmatory Factor Analysis Validation of Constructs[J]. Information Management & Business Review, 2014, 6（5）: 261-268.

[97] Li Q, Long R, Chen H, et al. Chinese Urban Resident Willingness to Pay for Green Housing Based on Double-Entry Mental Accounting Theory[J]. Natural Hazard, 2018, 93（8）: 11-36.

[98] 孙大明, 邵文晞, 李菊. 我国绿色建筑成本增量调查分析 [J]. 建设科技, 2009（6）: 34-37.

[99] 李静, 田哲. 绿色建筑全生命周期增量成本与效益研究 [J]. 工程管理学报, 2011, 25（5）: 487-492.

[100] 黄国柱, 朱坦, 赵雅斐. 天津市民低碳交通意识现状调查及分析 [J]. 生态经济, 2013（2）: 86-90+96.

[101] Zhang L, Chen L, Wu Z, et al. Key Factors Affecting Informed Consumers' Willingness to Pay for Green Housing: A Case Study of Jinan, China[J]. Sustainability, 2018, 10（6）: 1711-1727.

[102] 杨雪锋, 梁邦利. 低碳住宅购买行为的影响因素——基于杭州市的实证研究 [J]. 城市问题, 2013（7）: 9-17.

[103] 王大海, 姚唐, 姚飞. 买还是不买——矛盾态度视角下的生态产品购买意向研究 [J]. 南开管理评论, 2015, 18（2）: 136-146.

[104] 张瑞宏. 绿色建筑可支付意愿研究 [D]. 哈尔滨工业大学, 2011.

[105] 张莉, 蔡诗瑶, 郑思齐. 谁更愿意购买绿色住宅——居民特征对绿色住宅支付意愿的影响 [J]. 中国房地产, 2015（18）: 23-31.

[106] 闻晓军, 汪波. 绿色住宅消费选择的实证研究 [J]. 经济与管理研究, 2012（12）: 58-65.

[107] 曹霞, 张路蓬. 企业绿色技术创新扩散的演化博弈分析 [J]. 中国人口·资源与环境, 2015, 25（7）: 68-76.

[108] 赵黎明, 陈喆芝, 刘嘉玥. 低碳经济下地方政府和旅游企业的演化博弈 [J]. 旅游学刊, 2015, 30（1）: 72-82.

[109] 徐建中, 贯君, 朱晓亚. 政府行为对制造企业绿色创新模式选择影响的演化博弈研究 [J]. 运筹与管理, 2017, 26（9）: 68-77.

[110] 张宏娟, 范如国. 基于复杂网络演化博弈的传统产业集群低碳演化模型研究 [J]. 中国管理科学, 2014, 22（12）: 41-47.

[111] Ji P, Ma X, Li G. Developing Green Purchasing Relationships for the Manufacturing Industry: An Evolutionary Game Theory Perspective[J]. International Journal of Production Economics, 2015, 166: 155-162.

[112] Mahmoudi R, Rasti-Barzoki M. Sustainable Supply Chains under Government Intervention with a Real-World Case Study: An Evolutionary Game Theoretic Approach[J]. Computers & Industrial Engineering, 2018, 116（2）: 130-143.

[113] 刘佳, 刘伊生, 施颖. 基于演化博弈的绿色建筑规模化发展激励与约束机制研究 [J]. 科技管理研究, 2016, 36（4）: 239-243.

[114] 马辉, 王建廷. 风险感知下开发商绿色开发决策演化博弈 [J]. 计算机工程与应用, 2012, 48（17）: 224-228.

[115] 安娜. 绿色建筑需求端经济激励政策的博弈分析 [J]. 生态经济, 2012（2）: 107-110.

[116] 黄定轩. 基于收益——风险的绿色建筑需求侧演化博弈分析 [J]. 土木工程学报, 2017, 50（2）:

110-118.

[117] 赵爱武，杜建国，关洪军．绿色购买行为演化路径与影响机理分析 [J]．中国管理科学，2015, 23（11）：163-170.

[118] 龚晓光，黎志成．基于多智能体仿真的新产品市场扩散研究 [J]．系统工程理论与实践，2003, 23（12）：59-62.

[119] Branscum P, Sharma M. Comparing the Utility of the Theory of Planned Behavior Between Boys and Girls for Predicting Snack Food Consumption: Implications for Practice[J]. Health Promotion Practice, 2014, 15（1）：134-40.

[120] Phd R J, Viaene J. Application of the Theory of Planned Behavior to Consumption of Chocolate: Cultural Differences Across Belgium and Poland[J]. Journal of Euromarketing, 2001, 10（2）：1-26.

[121] Shariff M N M, Huque S M R, Alswidi A, et al. The Role of Subjective Norms in Theory of Planned Behavior in the Context of Organic Food Consumption[J]. British Food Journal, 2014, 116（10）：1561-1580.

[122] Padgett B C, Kim H J, Goh B K, et al. The Usefulness of the Theory of Planned Behavior: Understanding U.S. Fast Food Consumption of Generation Y Chinese Consumers[J]. Journal of Foodservice Business Research, 2013, 16（5）：486-505.

[123] 崔天宇．新能源汽车消费者购买行为分析 [D]．上海交通大学，2012.

[124] 姚翠艳．消费者低碳态度对低碳行为影响的实证研究 [D]．南京航空航天大学，2014.

[125] Wang S, Fan J, Zhao D, et al. Predicting Consumers' Intention to Adopt Hybrid Electric Vehicles: Using an Extended Version of the Theory of Planned Behavior Model[J]. Transportation, 2016, 43（1）：123-143.

[126] 郭斌，冯子芸．动态博弈视角下绿色住宅激励模式优选研究 [J]．生态经济，2018, 34（1）：83-88.

[127] Nguyen H T, Skitmore M, Gray M, et al. Will Green Building Development Take Off? An Exploratory Study of Barriers to Green Building in Vietnam[J]. Resources Conservation & Recycling, 2017, 127（12）：8-20.

[128] Darko A, Chan A P C, Gyamfi S, et al. Driving Forces for Green Building Technologies Adoption in the Construction Industry: Ghanaian Perspective[J]. Building and Environment, 2017, 125（10）：206-215.

[129] Hwang B G, Shan M, Xie S, et al. Investigating Residents' Perceptions of Green Retrofit Program in Mature Residential Estates: The Case of Singapore[J]. Habitat International, 2017, 63: 103-112.

[130] Zhang X. Barriers to Implement Green Strategy in the Process of Developing Real Estate Projects [J]. Open Waste Management Journal, 2011, 4（1）：33-37.

[131] 王梦夏．绿色建筑推广影响因素研究 [D]．首都经济贸易大学，2014.

[132] Hwang B-G, Shan M, Supa' at N N B. Green Commercial Building Projects in Singapore: Critical Risk Factors and Mitigation Measures[J]. Sustainable Cities and Society, 2017, 30（4）：237-247.

[133] 林敏．绿色住宅发展初期的财政补贴细则研究 [J]．生态经济，2014, 30（4）：99-102.

[134] Li Y Y, Chen P-H, Chew D A S, et al. Critical Project Management Factors of AEC Firms for Delivering Green Building Projects in Singapore[J]. Journal of Construction Engineering and Management, 2011, 137（12）：1153-1163.

[135] Darko A, Chan A P C. Review of Barriers to Green Building Adoption[J]. Sustainable Development, 2016, 25（3）：18-33.

[136] 吴文竞．开发商视角下绿色住宅增量投资风险评估与应对策略研究 [D]．浙江大学，2013.

[137] Shi Q, Zuo J, Huang R, et al. Identifying the Critical Factors for Green Construction-An Empirical

Study in China[J]. Habitat International, 2013, 40（3）: 1-8.

[138] 谷立静, 张建国. 我国房地产企业开发绿色建筑的现状和启示 [J]. 中国能源, 2014, 36（10）: 35-38.

[139] Zhang X. Green Real Estate Development in China: State of Art and Prospect Agenda-A Review [J]. Renewable & Sustainable Energy Reviews, 2015, 47（7）: 1-13.

[140] Zhang X, Shen L, Tam V W Y, et al. Barriers to Implement Extensive Green Roof Systems: A Hong Kong Study[J]. Renewable & Sustainable Energy Reviews, 2012, 16（1）: 314-319.

[141] 陈娟. 基于 AHP 方法下成都市住宅类绿色建筑影响因素研究 [D]. 西南交通大学, 2016.

[142] Abidin N Z, Powmya A. Perceptions on Motivating Factors and Future Prospects of Green Construction in Oman[J]. Journal of Sustainable Development, 2014, 7（5）: 231-239.

[143] 赵秋莹. 绿色住宅开发项目风险识别与评价 [D]. 吉林大学, 2016.

[144] 闻晓军. 基于 PROBIT 离散选择模型的绿色住宅消费行为研究 [D]. 天津大学, 2013.

[145] 邓建英, 兰秋军. 建筑节能监管体系中消费者与房地产开发商之间诚信博弈模型 [J]. 湖南大学学报（社会科学版）, 2014（3）: 66-69.

[146] 马静. 绿色生态住宅需求研究 [D]. 宁夏大学, 2014.

[147] 耿香丽. 基于博弈分析的绿色住宅发展研究 [D]. 青岛理工大学, 2015.

[148] 曹申, 董聪. 绿色建筑成本效益评价研究 [J]. 建筑经济, 2010（1）: 54-57.

[149] 阳扬. 我国绿色建筑的政策影响力研究 [D]. 华东师范大学, 2013.

[150] Gou Z, Lau S Y, Prasad D. Market Readiness and Policy Implications for Green Buildings: Case Study From Hong Kong[J]. Journal of Green Building, 2013, 8（2）: 162-173.

[151] Mohamed M, Higgins C D, Ferguson M, et al. The Influence of Vehicle Body Type in Shaping Behavioural Intention to Acquire Electric Vehicles: A Multi-Group Structural Equation Approach [J]. Transportation Research Part A: Policy and Practice, 2018, 116（10）: 54-72.

[152] Shan M, Hwang B-G. Green Building Rating Systems: Global Reviews of Practices and Research Efforts[J]. Sustainable Cities and Society, 2018, 39（5）: 172-180.

[153] Thilakaratne R, Lew V. Is LEED Leading Asia? An Analysis of Global Adaptation and Trends[J]. Procedia Engineering, 2011, 21（1）: 1136-1144.

[154] Persson J, Grönkvist, S. Drivers for and barriers to low-energy buildings in Sweden[J]. Journal of Cleaner Production, 2015, 109: 296-304.

[155] Kasai N. Barriers to green buildings at two Brazilian Engineering Schools, International[J]. Journal of Sustainable Built Environment, 2014, 3: 87-95.

[156] Williams K, Dair C. What is stopping sustainable building in England? Barriers experienced by stakeholders in delivering sustainable developments[J]. Sustainable Development. 2007, 15（3）: 135-147.

[157] Zhang Y, Wang Y. Barriers' and policies' analysis of China's building energy efficiency[J]. Energy Policy, 2013, 62: 768-773.

[158] Zhang X, Platten A, Shen L. Green property development practice in China: costs and barriers[J]. Building and Environment, 2011, 46（11）: 2153-2160.

[159] Yonghanahn, Pearce A, Yuhongwang, et al. Drivers and Barriers of Sustainable Design and Construction: The Perception of Green Building Experience[J]. International Journal of Sustainable Building Technology & Urban Development, 2013, 4（1）: 35-45.

[160] Manoliadis O, Tsolas I, Nakou A. Sustainable Construction and Drivers of Change in Greece: A Delphi Study[J]. Construction Management & Economics, 2006, 24（2）: 113-120.

[161] Arif M, Egbu C, Haleem A, et al. State of Green Construction in India: Drivers and Challenges[J]. Journal of Engineering Design & Technology, 2009, 7（2）: 223-234.

[162] Serpell A, Vera J K S. Awareness, Actions, Drivers and Barriers of Sustainable Construction in Chile[J]. Technological & Economic Development of Economy, 2013, 19（2）: 272-288.

[163] Zhang L, Wu J, Liu H. Policies to enhance the drivers of green housing development in China[J]. Energy Policy, 2018, 121:225-235.

[164] Qi G Y, Shen L Y, Zeng S X, et al. The drivers for contractors' green innovation: an industry perspective[J]. Journal of Cleaner Production, 2010, 18（14）:1358-1365.

[165] Hwang B G, Tan J S. Green Building Project Management: Obstacles and Solutions for Sustainable Development[J]. Sustainable Development, 2012, 20（5）: 335-349.

[166] Retzlaff R. Developing Policies for Green Buildings: What Can the United States Learn From the Netherlands?[J]. Sustainability Science Practice & Policy, 2010, 6（1）: 28-38.

[167] Allouhi A, Fouih Y E, Kousksou T, et al. Energy Consumption and Efficiency in Buildings: Current Status and Future Trends[J]. Journal of Cleaner Production, 2015, 109（12）: 118-130.

[168] Luthra S, Kumar S, Garg D, et al. Barriers to Renewable/Sustainable Energy Technologies Adoption: Indian Perspective[J]. Renewable & Sustainable Energy Reviews, 2015, 41（41）: 762-776.

[169] Begam Z, Jamaludin M. Barriers of Malaysian Green Hotels and Resorts[C]//AicQoL2014Kota Kinabalu AMER International Conference on Quality of Life The Pacific Sutera Hotel, Sutera Harbour, Kota Kinabalu, Sabah, Malaysia, January 4-5, 2014. Netherlands: Elsevier Ltd: 501-509.

[170] Ghaffarianhoseini A H, Dahlan N D, Berardi U, et al. Sustainable Energy Performances of Green Buildings: A Review of Current Theories, Implementations and Challenges[J]. Renewable & Sustainable Energy Reviews, 2013, 25（5）: 1-17.

[171] Djokoto S D, Dadzie J, Ohemeng-Ababio E. Barriers to Sustainable Construction in the Ghanaian Construction Industry: Consultants Perspectives [J]. Journal of Sustainable Development, 2014, 7（1）: 134-143.

[172] 张震宇. 房地产企业绿色采购影响因素分析 [D]. 重庆大学, 2016.

[173] Love P E D, Niedzweicki M, Bullen P A, et al. Achieving the Green Building Council of Australia's World Leadership Rating in an Office Building in Perth[J]. Journal of Construction Engineering & Management, 2012, 138（5）: 652-660.

[174] Zuo J, Zhao Z Y. Green Building Research-Current Status and Future Agenda: A Review[J]. Renewable and Sustainable Energy Reviews, 2014, 30（2）: 271-281.

[175] Rivers N, Jaccard M. Choice of Environmental Policy in the Presence of Learning by Doing[J]. Energy Economics, 2006, 28（2）: 223-242.

[176] Kibert C J. Sustainable Construction: Green Building Design and Delivery[M]. New York: John Wiley & Sons, 2007: 65-66.

[177] Du P, Zheng L Q, Xie B C, et al. Barriers to the adoption of energy-saving technologies in the building sector: a survey study of Jing-jin-tang, China[J]. Energy Policy, 2014, 75: 206-216.

[178] Zhao D X, He B J, Johnson C, et al. Social problems of green buildings: from the humanistic needs to social acceptance[J]. Renewable and Sustainable Energy Reviews, 2015, 51: 1594-1609.

[179] Abidin N Z, Yusof N A, Othman A E. Enablers and Challenges of a Sustainable Housing Industry in Malaysia[J]. Construction Innovation, 2013, 13（1）: 10-25.

[180] Opoku A, Ahmed V. Embracing Sustainability Practices in UK Construction Organizations: Challenges Facing Intra-Organizational Leadership[J]. Built Environment Project & Asset Management,

2014, 20（4）: 90-107.

[181] Lam P T I, Chan E H W, Chau C K, et al. Integrating Green Specifications in Construction and Overcoming Barriers in Their Use[J]. Journal of Professional Issues in Engineering Education & Practice, 2009, 135（4）: 142-152.

[182] Hwang B G, Wei J N. Project Management Knowledge and Skills for Green Construction: Overcoming Challenges[J]. International Journal of Project Management, 2013, 31（2）: 272-284.

[183] Wang Z Z B, Li G. Determinants of Energy-Saving Behavioral Intention among Residents in Beijing: Extending the Theory of Planned Behavior[J]. Journal of Renewable & Sustainable Energy, 2014, 6（5）: 1-17.

[184] Aktas B, Ozorhon B. Green building certification process of existing buildings in developing countries: Cases from Turkey[J]. Journal of Management in Engineering, 2015, 31（6）: 05015002.

[185] Han H, Hsu L-T, Sheu C. Application of the Theory of Planned Behavior to Green Hotel Choice: Testing the Effect of Environmental Friendly Activities[J]. Tourism Management, 2010, 31（3）: 325-334.

[186] 刘宇伟. 计划行为理论和中国消费者绿色消费行为 [J]. 中国流通经济, 2008, 22（8）: 66-69.

[187] Kumar B, Manrai A K, Manrai L A. Purchasing Behaviour for Environmentally Sustainable Products: A Conceptual Framework and Empirical Study[J]. Journal of Retailing & Consumer Services, 2017, 34（1）: 1-9.

[188] Zhang X, Shen L, Wu Y. Green Strategy for Gaining Competitive Advantage in Housing Development: A China Study[J]. Journal of Cleaner Production, 2011, 19（2）: 157-167.

[189] Li Y, Yang L, He B, et al. Green Building in China: Needs Great Promotion[J]. Sustainable Cities & Society, 2014, 11（2）: 1-6.

[190] 马辉. 绿色住宅驱动因素及调控机制研究 [D]. 天津大学, 2010.

[191] 高键. 消费者行为理性对绿色感知价值的机制研究——以计划行为理论为研究视角 [J]. 当代经济管理, 2018, 40（1）: 16-20.

[192] 白凯, 李创新, 张翠娟. 西安城市居民绿色出行的群体参照影响与自我价值判断 [J]. 人文地理, 2017, 32（1）: 37-46.

[193] 张启尧, 孙习祥. 基于消费者视角的绿色品牌价值理论构建与测量 [J]. 北京工商大学学报（社会科学版）, 2015, 30（4）: 85-92.

[194] Qian Q K, Chan E H W, Khalid A G. Challenges in Delivering Green Building Projects: Unearthing the Transaction Costs（TCs）[J]. Sustainability, 2015, 7（4）: 3615-3636.

[195] 曾华华. 房地产企业绿色建筑开发意愿影响因素研究 [D]. 浙江大学, 2013.

[196] Yau Y. Eco-Labels and Willingness-to-Pay: A Hong Kong Study[J]. Smart and Sustainable Built Environment, 2012, 1（3）: 277-290.

[197] 陈立文, 赵士雯, 张志静. 绿色建筑发展相关驱动因素研究——一个文献综述 [J]. 资源开发与市场, 2018, 34（9）: 1229-1236.

[198] Bond S. Barriers and drivers to green buildings in Australia and New Zealand[J]. Journal of Property Investment and Finance, 2011, 29（4/5）: 494-509.

[199] Bin Esa M R, Marhani M A, Yaman R, et al. Obstacles in implementing green building projects in Malaysia[J]. Australian Journal of Basic and Applied Sciences, 2011, 5（12）: 1806-1812.

[200] Petri I, Rezgui Y, Beach T, et al. A semantic service-oriented platform for energy efficient buildings[J]. Clean Technologies and Environmental Policy, 2014, 17（3）: 721-734.

[201] Darko A, Zhang C, Chan A P C. Drivers for Green Building: A Review of Empirical Studies[J]. Habitat

International, 2017, 60（2）: 34-49.

[202] Juan Y K, Hsu Y H, Xie X. Identifying Customer Behavioral Factors and Price Premiums of Green Building Purchasing[J]. Industrial Marketing Management, 2017, 64（7）: 36-43.

[203] Tseng M L. A Causal and Effect Decision Making Model of Service Quality Expectation Using Grey-Fuzzy DEMATEL Approach[J]. Expert Systems with Applications, 2009, 36（4）: 7738-7748.

[204] Tzeng G H, Chiang C H, Li C W. Evaluating Intertwined Effects in E-Learning Programs: A Novel Hybrid MCDM Model Based on Factor Analysis and DEMATEL[J]. Expert Systerms with Aplication, 2007, 32: 1028-1044.

[205] 王大港. 新常态下中国城市房地产风险评价及调控策略研究 [D]. 北京交通大学, 2017.

[206] Ajzen I. Perceived Behavioral Control, Self-Efficacy, Locus of Control, and the Theory of Planned Behavior[J]. Journal of Applied Social Psychology, 2002, 32（4）: 665-683.

[207] 柴径阳, 黄蓓佳. 绿色建筑增量成本构成及其影响因素研究 [J]. 建筑经济, 2015, 36（5）: 91-95.

[208] 王彦玉, 陈虹宇, 滕佳颖. 我国绿色建筑认证项目增量成本现状及建议 [J]. 土木工程与管理学报, 2017, 34（6）: 175-179.

[209] Sui P L, Gao S, Wen L T. Comparative Study of Project Management and Critical Success Factors of Greening New and Existing Buildings in Singapore[J]. Structural Survey, 2014, 32（5）: 413-433.

[210] 劳可夫, 吴佳. 基于 Ajzen 计划行为理论的绿色消费行为的影响机制 [J]. 财经科学, 2013（2）: 91-100.

[211] Portnov B A, Trop T, Svechkina A, et al. Factors Affecting Homebuyers' Willingness to Pay Green Building Price Premium: Evidence From a Nationwide Survey in Israel[J]. Building & Environment, 2018, 137（6）: 280-291.

[212] 杨苏. 绿色行为决策的演化机理及影响因素研究 [D]. 合肥工业大学, 2016.

[213] Liu Y, Hong Z, Zhu J, et al. Promoting Green Residential Buildings: Residents' Environmental Attitude, Subjective Knowledge, and Social Trust Matter[J]. Energy Policy, 2018, 112（1）: 152-161.

[214] Reddy S, Painuly J P. Diffusion of Renewable Energy Technologies-Barriers and Stakeholders' Perspectives[J]. Renewable Energy, 2004, 29（9）: 1431-1447.

[215] Grewal D, Monroe K B, Krishnan R. The Effects of Price-Comparison Advertising on Buyers' Perceptions of Acquisition Value, Transaction Value, and Behavioral Intentions[J]. Journal of Marketing, 1998, 62（2）: 46-59.

[216] 王崇, 吴价宝, 王延青. 移动电子商务下交易成本影响消费者感知价值的实证研究 [J]. 中国管理科学, 2016, 24（8）: 98-106.

[217] 邓娟红. 基于感知价值的普通商品房消费者购买意愿影响因素实证研究 [D]. 南京财经大学, 2014.

[218] Park C W, Lessig V P. Students and Housewives: Differences in Susceptibility to Reference Group Influence[J]. Journal of Consumer Research, 1977, 4（2）: 102-110.

[219] 宫秀双, 徐磊, 李志兰, 等. 参照群体影响类型与居民消费意愿的关系研究 [J]. 管理学报, 2017（12）: 2029-1839.

[220] Moschis G P. Social Comparison and Informal Group Influence [J]. Journal of Marketing Research, 1976, 13（3）: 237-244.

[221] 马世英, 崔宏静, 王天新. 新生代农民工职业培训支付意愿的影响因素 [J]. 人口学刊, 2014, 36（3）: 95-106.

[222] 陈家瑶, 刘克, 宋亦平. 参照群体对消费者感知价值和购买意愿的影响 [J]. 上海管理科学, 2006, 28（3）: 25-30.

[223] Sweeney J C, Soutar G N. Consumer Perceived Value: The Development of a Multiple Item Scale[J]. Journal of Retailing, 2001, 77（2）: 203-220.

[224] 刘亚菲. 感知价值、感知风险与普通住宅购买意愿研究——基于河北省保定市 [D]. 云南财经大学, 2013.

[225] 章敏, 吴照云. 住宅顾客感知价值量表的构建和检验 [J]. 江西社会科学, 2015（4）: 231-235.

[226] Dodds W B, Monroe K B, Grewal D. Effects of Price, Brand, and Store Information on Buyers' Product Evaluations[J]. Journal of Marketing Research, 1991, 28（3）: 307-319.

[227] 荣泰生. AMOS 与研究方法 [M]. 重庆: 重庆大学出版社, 2010.

[228] 吴明隆. 结构方程模型 :AMOS 的操作与应用 [M]. 重庆: 重庆大学出版社, 2009.

[229] 陈凯, 彭茜. 参照群体对绿色消费态度——行为差距的影响分析 [J]. 中国人口·资源与环境, 2014, 24（5）: 458-461.

[230] Kotler P. Marketing Management: Aanalysis, Planning, Implementation, and Control[M]. Englewood Cliffs: Prentice-Hall, 1997: 297-320.

[231] Grosskopf K R, Kibert C J. Market-Based Incentives for Green Building Alternatives[J]. Journal of Green Building, 2006, 1（1）: 141-147.

[232] Worzala E, Bond S. Barriers and Drivers to Green Buildings in Australia and New Zealand[J]. Journal of Property Investment & Finance, 2011, 29（4/5）: 494-509.

[233] Pals H, Singer L. Residential Energy Conservation: The Effects of Education and Perceived Behavioral Control[J]. Journal of Environmental Studies & Sciences, 2015, 5（1）: 29-41.

[234] Hogg T, Silva A P, Sottomayor M, et al. Young Adults and Wine Consumption a Qualitative Application of the Theory of Planned Behavior[J]. British Food Journal, 2014, 116（5）: 832-848.

[235] Zhang L, Wu J, Liu H. Turning Green into Gold: A Review on the Economics of Green Buildings[J]. Journal of Cleaner Production, 2018, 172（1）: 1-12.